后浪出版公司

亲子共厨时间

让孩子爱上料理

小鱼妈 著

江西人民出版社
Jiangxi People's Publishing House
全国百佳出版社

| 作 | 者 | 序 |

料理的好坏不在滋味，而在陪伴的过程！

各位妈妈们，千万不要觉得小鱼妈很厉害，既要忙东忙西，还会做菜。其实我是一个再平凡不过的妈妈，有小孩之前，只会煮泡面和烫青菜。

但有了小鱼之后，因为他有过敏体质，每次我看到孩子因为吃了不耐受的食物，身体、脸红肿的模样，就真的好心疼，为母则强的动力驱使我开始动手学做羹汤。从不懂、摸索到略知一二，甚至能够设计食谱、出书，这条路虽然走得不轻松，但我甘之如饴，看着小鱼的过敏体质逐渐改善，我觉得很欣慰。

小鱼长大一点后，每次看到我做菜，都会想要来瞧瞧妈妈在做什么。我想，与其阻止孩子进厨房，不如干脆让他一起动手做。于是，我就把比较简单的制作步骤，像揉面团、用模具压模等任务交给他做。没想到一起动手做料理的亲密互动，不仅提高了孩子的参与度，而且，看到他满足地吃着自己做的饭、饼干或小点心，还一边开心地说好好吃、要多吃一点，我才意识到，原来料理的好坏不在滋味，而在陪伴的过程。

孩子想要的其实很简单，只是父母们真心的陪伴而已，而与孩子一起动手做料理，也让我得到了健康、孩子的笑容及珍贵的美好回忆。

此外，在书中我也特别设计了几道无麸质的小点心。小鱼是个对面粉过敏的孩子，这点让我感到很头痛，因为外面很多食物都含有面粉，为了不让孩子继续为过敏所苦，我开始自己动手制作食物。

某天，我在逛国外网站时发现有全谷饮食（whole grains diet）与无麸质饮食（glutenfree diet），才发现原来有的面粉是无麸质的，但因为

台湾地区目前没有厂商贩售这样的商品，所以只能从国外订购无麦麸面粉。但之后，我又发现无麦麸面粉保质期很短，一般的最佳保质期是三个月，经过国际运送，等到真正拿到货时，保质期只剩下约一个月；更令我担心的是面粉的储存问题，保存不当容易产生黄曲霉素。

而且，我也碰到了操作上的问题，国外的无麦麸面粉不太好操作，做出来的食品孩子不太赏脸，最后只能放弃，改用其他无麸质的食材来替代（像玄米粉、糯米粉、燕麦、荞麦、薏仁或红藜麦）。直至最近遇到老牌面粉厂愿意帮我量身定做无麦麸面粉，才让我又燃起一丝希望，真开心以后会有为我们量身定做的无麦麸面粉，让对麸质过敏的大人和小孩也能享受吃面食的幸福感！

小鱼妈

Contents

手指动一动、捏一捏！
促进手脑发展的聪明食谱

好神奇哦！
把讨厌食材变不见的魔术食谱

过敏儿也能开心吃！
无麸质轻料理

一起发挥想象力！
超有创意的节庆料理

mini
COOK
GOOD
IDEA
PEN

Enjoy time

玩出好吃料理，
和孩子同享“美好食光”！

开心玩料理，训练认知力与创意脑！

很多妈妈不喜欢小孩进厨房，原因是怕脏、怕乱，其实做菜也能成为一种亲子游戏，除了能促使孩子把餐点吃光，还有许多让人意想不到的好处！

厨房是我跟孩子最喜欢的亲子园地，我们在这里度过了许多甜蜜的亲子时间。妈妈们不要害怕孩子会把厨房弄得脏兮兮的，多让孩子在这里学习，对他们的成长是很有帮助的。

请小帮手帮我拿绿色的西蓝花、红色的甜椒好吗？

数数&食材颜色 → 加强认知与专注力

对小孩而言，厨房是绝佳的学习园地，这里有好多让他们感兴趣的东西，像各式各样的食材及器具等。我在跟小鱼一起准备材料及做菜的过程中，会不断地找机会教育他，比如让他数一数有多少片吐司或多少颗葡萄干，可以强化他对数字的认知，而询问他食材的颜色也能提升他对色彩的认知。执行大人的指令能让孩子增加专注力，并且训练他的耐心及稳定度，真的是一举数得！

搅拌、搓面团 → 训练手指小肌肉

做点心时（例如QQ红薯圆），我会让小鱼帮忙搅拌面粉、把面团搓成长条、拿剪刀把面团剪成块状，并且将它们搓成圆形。这一连串的步骤，除了可以让孩子观察从面粉到成品的流程，搅拌、搓揉、剪东西这些动作也可以训练小肌肉，增进手部动作的精细度。

此外，一手扶着搅拌碗、一手进行搅拌的动作对他们以后练习写字也有助益，因为写字时都是一手压纸、另一手拿笔。拿剪刀剪东西则能增加肩膀及手部的稳定性，强化肢体的协调性。把面团搓成长条或搓圆是小鱼很喜欢的工作，除了能让孩子提升对形状的概念及辨识，也有助于他的身体协调性，训练左右手同时做不一样的事。

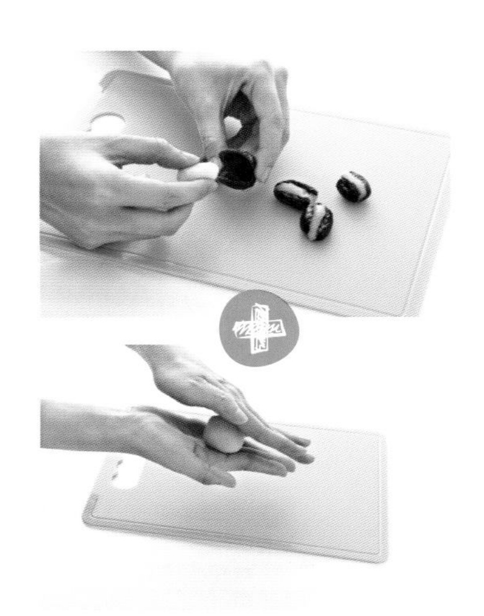

捡葡萄干 有助于手眼协调

用手指捡或捏葡萄干、米香（大米花）及搓汤圆等动作，可以训练宝贝手部的精细动作，让他们的手指更灵活。这样的训练也有助于手眼协调，有助于提高他们将来握笔与写字的能力，对于学龄前的小朋友来说，常动手真的是好处多多！

压模 训练视觉、空间感及手指耐力

即使是制作简单的果酱三明治，对于小朋友的手、脑训练来说，也都是很有帮助的，而且非常简单，没有危险性，连年纪小的孩子都能放心让他们操作。我的做法是让小鱼自己拿两片吐司，一片涂满果酱后，将另一片盖上去，之后再用饼干模具压成他喜欢的形状。

可别小看涂果酱这个动作，这个动作可以提升孩子的空间感。因为他们可以通过这个动作学习如何把果酱涂满吐司，同时不会溢到桌子或吐司边上，而压模的动作除了有益于大脑及视觉发展，也能增加手指耐力及小肌肉的协调性。

孩子参与做菜过程

产生把饭吃光光的意愿

很多妈妈为了小孩不爱吃东西而烦恼不已，尤其是营养丰富的蔬菜水果，不管大人怎么劝说就是不肯吃一口！与其跟在孩子屁股后面碎碎念或勉强他们吃一口，不如想办法让这些被孩子视为“拒绝往来户”的食材变身为他们感兴趣的东西。

我的经验是，带着孩子一起动手做饭是促进食欲的最佳方式。通过“玩”料理，可以有效提高他们进食的欲望。孩子对于自己亲手做的东西，总是充满好奇，会想知道自己捏出来的面团会变身为什么食物？吃起来滋味如何？而在烹调过程中，食物散发出来的香味也能刺激嗅觉，让他们胃口大开。

用汤匙挖果肉

训练小肌肉及力道控制

我知道很多妈妈白天要上班，晚上及节假日又要照顾小孩，真的非常辛苦，因此可能没有多余的时间陪小朋友一起做点心。建议忙碌的妈妈们可以利用每天准备水果的短短几分钟时间，帮助小朋友锻炼手部肌肉。

把常吃的水果，像番石榴、苹果、奇异果等，将它们切成两半之后，让小朋友学习用汤匙挖取果肉，不但能锻炼到小肌肉，还能让他们学习控制力道哦！

挖出果肉的动作，可以训练孩子手部肌肉的灵活性。

进厨房前，一定要知道的大小事

带着孩子一起进厨房，除了可以训练精细动作，还能培养他们的责任心、成就感，同时也能增进亲子感情，好处真的说不完！

小孩逐渐长大后，大部分都会喜欢角色扮演或过家家之类的游戏，而厨房就是让他们充满好奇心的地方。我知道有些妈妈会担心发生危险，或者觉得小孩在厨房乱搞一通后，自己还要费心收拾，因此严禁孩子踏进厨房。好不容易决定让他们进来当一次小帮手，但不懂事的小孩，不但帮不了忙，还会把厨房搞得乱七八糟，简直是来捣乱的！

偷偷告诉妈妈们，其实只要好好教导，孩子还是能成为优秀小帮手的。当然，这期间家长免不了要辛苦一些，不过想一想，带着孩子在厨房里边做菜边玩，不但能让亲子感情增温，也能奠定他们爱做家务的基础，投资回报率还是蛮高的。我们家小鱼差不多是一岁半时开始进厨房，现在他五岁了，已经可以帮我分担不少家务，像扫地、擦桌子、擦地等。也因为很小的时候就让他在厨房帮忙，所以现在让他做家务，他都很乐意去做。

1. 进厨房，安全第一

当然，小孩进厨房前一定要确认环境的安全，刀子、叉子这类危险物品一定要收好，绝对不能摆在他们随手可得之处，否则只要妈妈一个不留神，就可能发生危险。

我们家就曾发生过一次惨痛的经历。我之前网购了一支面包整型的刀片，卖家寄来时没有在包装上标注内容物，我们就没特别留意。没想到小鱼趁我们不注意时，竟然自己偷偷打开。我一看见他拿出刀片真的非常着急，他被我的反应吓了一跳，想马上把刀片塞回去，情急之下却划伤了自己的手指，当场血流不止，最后还去医院缝了五针。发生这样的憾事一定是孩子受伤，家长也跟着心疼、受罪，所以要尽可能避免。

此外，瓦斯炉、锅、烤箱、玻璃器具等也都是容易发生意外的器具，相信妈妈们一定会尽量避免孩子接近。不过，建议家长们，面对危险的器具时，最好能告诉孩子哪里危险、为什么，并在刚进厨房时就提醒他们小心，而非强硬禁止，当然，选购小孩使用的专属安全器具也是一种方法。

2. 让食材化身为孩子感兴趣的东西

家里若有不爱吃蔬果的小朋友，除了把这些食材巧妙地融入食物中，我也跟妈妈们分享一些小秘诀。我的方法是让食材化身为他们感兴趣的东西，比如说，在孩子对形状、颜色比较敏感的时期，就用下面这些话语跟他们进行沟通。举个例子，做饭卷或三明治时，我会使用胡萝卜、小黄瓜或水果等食材，不过我不是自己动手，而是请“小小厨师”来帮忙，通常我会下指令请小鱼把“红色长条形食材”或“绿色圆圆的食材”放在白米饭上，这样不但能提升孩子对颜色及形状的认知，也会增加他的食欲哦！

3. 用鼓励，增加孩子的参与感

当妈妈准备烹调时，小朋友要从哪个阶段开始参与呢？我的建议是，只要安全无虞，所有步骤都可以带着小朋友一起做。如同我们前面谈到的，切菜、打蛋、搅拌、揉面团等，不同的动作有不一样的训练作用，对小朋友的成长发展都很有助益，因此我在准备食材时，就会召唤小鱼进来厨房帮忙，而他真的也很爱跟着我在里面洗洗切切。

当然，小鱼每做完一件事，我也不吝于赞美、鼓励他，让他更有成就感。厨房不只是进行烹饪的地方，我觉得这里就像是魔法园地，因为常在这里互动，我们的感情也随之变好了。

以前我总是以为小孩吃东西是因为好吃，或因为餐具可爱、漂亮，试过几次之后才发现其实不是这样的，参与感比什么都重要。孩子自己动手制作的食物，即使不好吃，他们也会觉得特别美味，因此我开始带着孩子一起进厨房、一起制作食物。自己动手也能让孩子体会到妈妈做菜的辛苦，进而把餐桌上的食物吃光光。

THE FUN

4. 用技巧，增加孩子动手做的意愿

一定有很多妈妈蛮好奇的，小小孩进厨房能帮什么忙呢？其实只要用点小技巧，宝贝们还是能帮很多忙的。我的方法是用孩子的语言跟他沟通，例如收拾厨房时，要将器具归位，这时我就会跟小鱼说：“天黑了，模具的妈妈在找它们了，赶快送它们回家！”小鱼听到后就会把使用过的器具，按照分类放回去。

建议妈妈们，厨房用具除了依类别，也可以利用颜色、材质或大小等小朋友较容易辨识的方法来分门别类。如果是根据颜色分类的器具，我就会告诉小鱼：“要把红色的放一起哦！”如此孩子们都可以很容易把东西放回原原位。

当然，偶尔也会遇到小孩不想帮忙的时候，因为小朋友都很爱听故事，所以我会找一些小孩跟妈妈一起做家务的绘本或书籍，例如《妈妈，买绿豆！》《小奈奈的好好吃蔬菜饭》《巴黎舅舅的餐桌》等，让孩子将故事情节与生活经验结合在一起，增加他帮忙的意愿。

做菜时让孩子一起动手，能让他们有参与感，其实是很好玩的。

小鱼妈厨房必备1

人气小家电，让亲子料理更简单！

小家电除了能达到省时、轻松等效果，还能让亲子料理更富变化，一起来看看这些小家电有哪些特殊的功能吧！

多功能养生锅

保留食物原始养分

滴鸡精有助于大人养生，同时也能替孩子补充营养，而洋葱水则是小孩感冒时的好帮手，不过烹调时都很麻烦。多功能养生锅的好处是炖煮食物时不用顾火，而且还能保留食物最原始的营养成分，因此近来成为市场上的“当红炸子鸡”！

空气炸锅

控制油分及盐分

对孩子们而言，薯条、鸡块的魅力真的是无法阻挡，但市面上的快餐都是油炸的，营养成分早就被破坏，而且还加入了太多调味料，相信家长都不敢让小孩多吃。使用空气炸锅时，只要加一点点油，就能变化出美味的料理，连孩子们爱吃的薯条、鸡块，口感也都不差。自己在家使用空气炸锅，能控制油及盐分的添加量，真的健康很多。

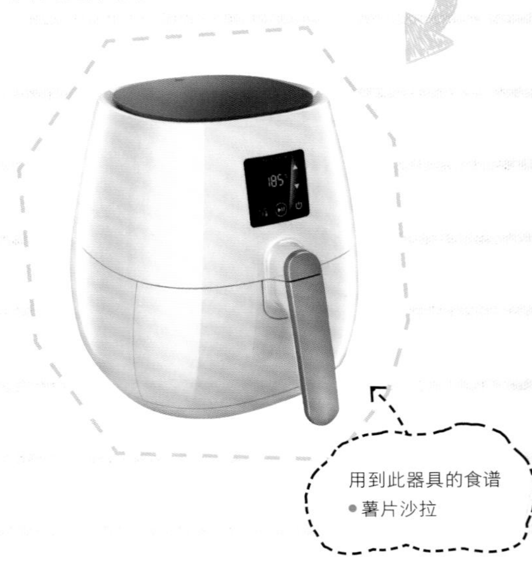

用到此器具的食谱
- 薯片沙拉

蔬果烘干机

制作过程安全，避免添加物

每次帮小孩挑选零食，我总觉得很忧心，市面上贩售的零食总是以可爱的造型及鲜艳的色彩来吸引小朋友，但看看包装背面的成分表，没有化学添加物的真是少之又少。

为了安全及健康，我改买水果干给小孩吃，但市售果干价格不便宜，而且也无法得知制作过程是否卫生，最后我决定干脆自己来烘果干。自己DIY的好处是可以让孩子挑选喜爱的水果，还能让他们帮忙摆盘。

有些妈妈担心万一操作不慎，会让孩子烫伤，其实干果机几乎都是采取低温烘烤的方式，不会有烫伤的风险，因此可以放心让孩子来操作。

免插电冰棒机

省电、避免摄入过多添加物

炎热的夏天一到，就想吃点冰冰凉凉的东西，大人们都难以抵挡冰品的诱惑，更何况是小孩呢？不过，市售的冰棒不是添加色素，就是太过甜腻，实在无法安心让小朋友吃。自己动手做冰棒，可以知道添加了哪些成分，跟外面的冰品相比，绝对健康得多。

同样，我也会让孩子跟我一起动手做冰棒，不但过程有趣，还能增进亲子关系，让他们更有成就感，真是一举数得！冰棒机是夏天消暑不可或缺的好东西，而且不需插电就能使用，省钱又环保哦！

豆浆机

喝天然营养的豆浆

豆浆含有丰富的植物性蛋白质，还含有钙、磷、铁、锌等几十种矿物质，以及维生素A、维生素B等多种维生素，可以说是营养十分丰富的饮品，非常适合全家一起饮用。不过，外面卖的豆浆很多都是用豆浆粉直接冲泡的，而且还添加了过多的糖，营养成分大打折扣！

自己使用豆浆机来制作豆浆，不但非常方便、简单，还能够清楚了解成分。此外，爸爸妈妈也可以让孩子帮忙倒食材或操作按键，增加他们的参与感。我选用的豆浆机还具有熬粥、煮红豆汤等功能，一机多用，真的好方便！

用到此器具的食谱
- 花生紫米糊

发现新鲜好物！

小鱼妈最近发现了一个很有趣的小家电，叫作精米机，我们平常买的米多在碾米厂精磨包装时，就已经氧化且养分流失，精米机可以做二次研磨，还原米的新鲜质量，而且可以磨成自己喜爱的口感，很特别吧！

制面包机

性价比超高的好物

目前很“火”的面包机，也是我的厨房必备电器之一，除了可以让家人吃到刚出炉、香喷喷又健康的面包，还有其他的用途哦，例如，做饼干、面团，炒肉松，做酸奶等，性价比真的很高。目前台湾食品安全问题层出不穷，与其一直烦恼还有什么可以吃，不如自己动手做。通常我会让孩子协助将材料放进面包机里，之后再由大人取出做好的面包，避免小孩被烫伤。

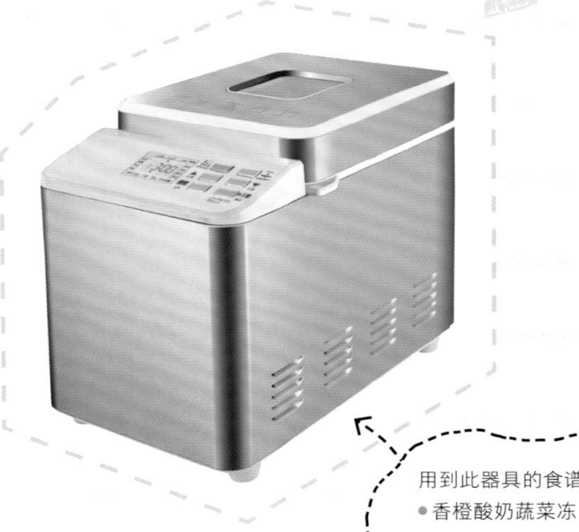

用到此器具的食谱
- 香橙酸奶蔬菜冻
- 草莓大福

多功能食物搅拌棒

切碎食物的好帮手

有做过副食品经验的妈妈们，对食物搅拌棒一定不陌生。它能快速切碎食材，是厨房里的好帮手。我常用的多功能食物搅拌棒具有多种功能，除了基本的搅碎、切碎，还能用来制作蛋糕及点心，真的是超级方便。

用到此器具的食谱

- 香葱花椰盖饭
- 莓果山药卷
- 三色薯泥
- 青豆浓汤
- 草地上的小兔子

蔬果刨切轻食机

轻松切出漂亮食材

对于较少下厨房的妈妈来说，最烦恼的莫过于刀工差、切出来的材料不够均匀，有些人还会因不熟练而切到手。蔬果刨切轻食机可以解决这些问题，就算厨艺不精的人，也能利用这台机器切出漂亮又整齐的材料，马上变身为大厨！

用到此器具的食谱

- 酸甜苹果丝

微电锅

一次煮出多种菜肴

微电锅很适合小型家庭使用，它不但简单、方便，还可以一次煮两种菜肴，很适合人口少的家庭。由于微电锅的体积很小，携带很方便，所以不想成为外食一族的话，可以考虑一下。

小鱼妈厨房必备 2

不麻烦、好好玩！妈咪、小朋友最爱的亲子器具

为了让小小厨师更有成就感，我会采买一些幼儿专用的器具。除了能增加安全性，专为孩童设计的用品也较符合他们的手部构造，使用起来更得心应手！

厨师服

增加孩子的参与意愿

孩子们只要一穿上厨师服，就会觉得自己好厉害，动手的意愿也会增强。建议爸妈们如果预算够，不妨买一件给宝贝，不但能让他们更开心，大人们也会觉得孩子很可爱。

波浪造型切割器、挖球匙

增加食材造型的丰富度

要增加孩子对蔬果的兴趣，就得在造型上花点脑筋。波浪造型切割器及挖球匙，能让蔬果变化出不同的样貌，让孩子们更有新鲜感。

餐具包

方便、好收纳

每次要带孩子外出用餐时，总是很烦恼餐具放哪儿，因为这些汤匙、筷子或叉子都是要跟嘴巴接触的，卫生很重要。这款餐具包能让妈妈们方便携带餐具及食物剪，平时在家也可拿来收纳餐具或器具。

儿童专用剪刀

安全性高

相信妈妈们都有这样的经历，一看到孩子拿起剪刀，总是感到胆战心惊，好怕他们伤到自己啊。儿童专用剪刀针对孩子加强安全设计，即使不小心触摸到也不会伤手，让妈妈放心！

饼干蔬菜模

变化多种食材造型

千变万化的模具能为食物的卖相加分，不管是制作饼干或制作菜肴都很方便。尤其是比较不受孩子青睐的蔬菜，我会用模型来使其变化不同造型，增加孩子对食物的好感度。

A

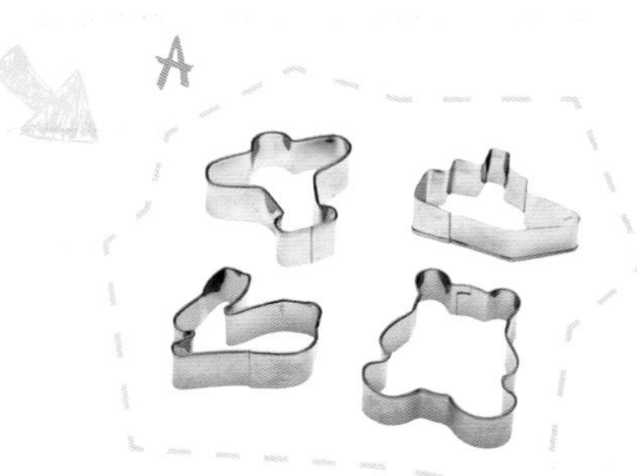

B

C

儿童用擀面棍

滚动起来更省力

擀面棍是制作食物时不可或缺的用具，但一般擀面棍是专为大人设计的，长度及重量对小孩来说都是负担，儿童用擀面棍可以让小朋友使用起来更顺心，滚动起来更省力哦。

儿童用菜刀

安全性高、必备

一听到让小孩拿菜刀，妈妈们一定紧张得吓出一身冷汗吧？不要紧张，儿童用菜刀经过安全设计，小孩也能轻松上手。对于宝贝来说，能跟妈妈一样拿刀制作菜肴，真的是一件很开心的事呢！

可爱造型砧板

切菜时心情好

小鱼开始学做菜后，小鱼妈就陆续买了许多不同造型的砧板，有鱼形或圆形的，也买了各种不同颜色的砧板。可能因为太可爱了，我和孩子在切菜时心情都很好，这完全是为了开心而买的。

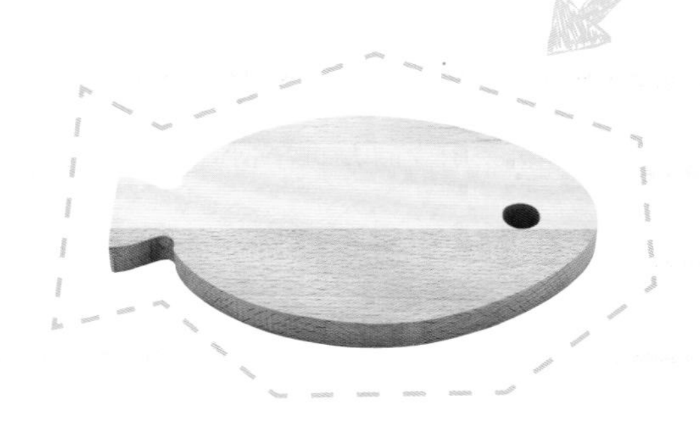

儿童削皮器

小巧、易操控

每次小鱼看到我拿削皮器处理食材，就忍不住想要模仿，但我们平时使用的削皮器对孩子来说危险度较高，所以我帮小鱼买了儿童用的安全器具，小巧易操控的设计真的很讨喜。除了有削皮器，还有儿童用打蛋器、汤勺等，拥有这些，孩子就能成为妈妈的超级小帮手。

无毒硅胶餐垫

当餐垫、揉面团都好用

小鱼还小时，每次我们去外面餐厅吃饭，我就会拿无毒硅胶餐垫垫在儿童餐桌上，现在小鱼吃饭时不再需要儿童餐椅了，我就拿来让他玩黏土、画画或帮妈妈揉面团时使用。用脏了只要洗一洗晾干就好了，非常实用，我的粉丝及朋友都人手一片哦。

可爱造型的餐盒、餐盘、餐具

增加孩子食欲的好帮手

现在的餐盘造型好多，看到时真的会让人忍不住尖叫。我开团购时“烧”到了好多妈妈，我自己也“烧”翻了。不但大人喜欢，孩子更爱，把饭菜放在上面，宝贝们一定把饭全吃光！

小鱼妈厨房必备3

加入这些食材，孩子笑着把饭吃光光！

适当的食材不但能增加口感，还能达到画龙点睛的作用，让食物看起来更加可口，让孩子更愿意把饭吃光。

棉花糖

制作甜点的好物之一

棉花糖遇热会融化，是烘焙及制作甜点时非常好用的食材。当然，因为它香香甜甜的，所以也很受孩子们的欢迎。不过吃太多棉花糖容易引起蛀牙，所以我只是偶尔使用一下，而且会叮咛小鱼，吃完后要刷牙或漱口哦！

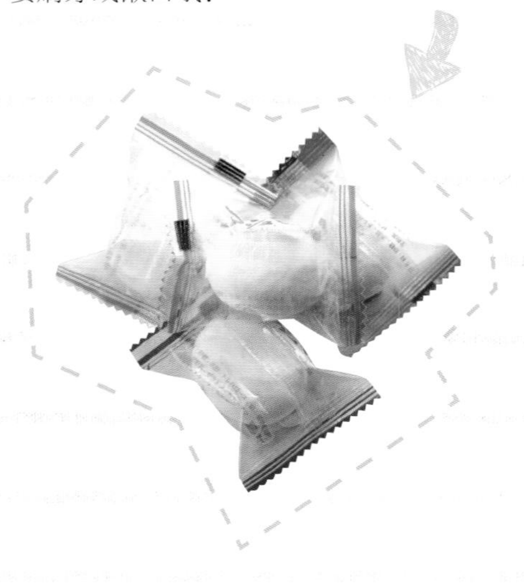

牛奶

让食物更香浓

牛奶可以补充钙质及蛋白质，是孩子成长所需营养的来源。不过自从台湾食品安全风暴以来，我很少购买知名品牌的奶制品，反而是定期订购台湾小农的牛奶。除了牛奶，还会跟豆浆一起交替搭配使用，这样孩子的营养才会更全面。

沙拉酱

提升蔬果料理滋味

沙拉酱甜甜香香的，能改善蔬果的滋味，很多原本不爱吃蔬菜的孩子，会因为沙拉酱而愿意尝试。不过提醒妈妈们，沙拉酱的热量较高，建议酌量使用，避免孩子摄取过多的能量。

黄油

食物美味度UP

黄油的香味能够让食物更美味，是料理中经常会使用的材料。不过要提醒妈妈们，植物性黄油属于人造黄油，对健康不利，建议尽量选择动物性黄油。我自己则习惯购买发酵黄油，因为发酵的过程中乳酸菌会把乳脂肪中的乳糖吃掉，所以不会给身体造成负担。

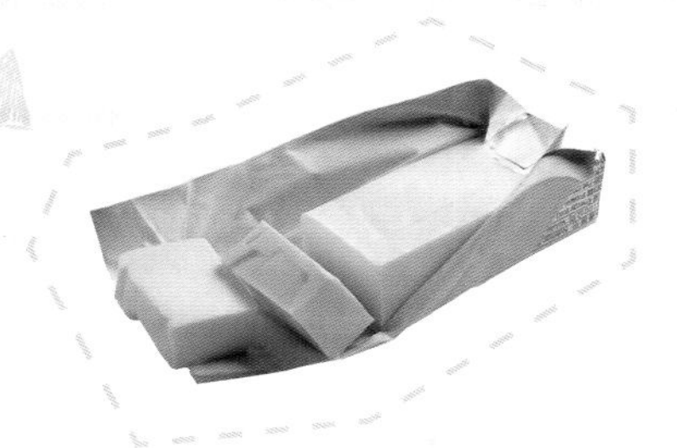

葡萄干

提升料理口感

葡萄干是众所周知的补铁食材，而且又具有抗氧化的功效，营养充足。此外，葡萄干的口感十分讨喜，含有的葡萄糖也能被人体吸收后迅速转换成能量，很适合作为点心的制作材料。我会用干果机自己低温烘制葡萄干，可以保留最多的养分，对孩子而言是健康又天然的零食。

玉米粒

甜甜口感、小朋友爱

我们家人很爱吃玉米，因此它经常出现在我的料理中。不过有时候会因为产季或刚好市场没卖而买不到新鲜玉米，这时我就会以罐头玉米粒来替代。玉米罐头是很容易获得的食材，对妈妈而言真的很方便。不过，新鲜玉米营养价值比较丰富，如果买得到，我还是会优先选择新鲜玉米。

综合坚果

营养佳且香浓

坚果（核桃、芝麻）中含有ω-3不饱和脂肪酸，能供给脑部营养，对脑细胞非常有益，吃适量的坚果也有助于降低胆固醇、增加免疫力。坚果对大人、小孩或孕妇而言都很适合，每天吃一小把对身体非常好。我常会购买生的坚果，再用烤箱低温烘烤，这样营养才不会流失。

GOOD
IDEA

Enjoy time

想当好厨师，
从清洗与珍惜食材开始！

从“农夫的女儿”“孩子的妈”角度来看农药

多吃蔬果的好处大家都知道，但农药超标的问题却让人好忧心，其实只要选对产地，并且处理得当，食材中的残留农药也会大大减少哦！

不要太迷信“有机”

采买食材时最担心的就是农药残留的问题了，虽然爸妈常鼓励孩子们多吃蔬果，但又会烦恼他们是不是会把农药也一并吃下肚。为了避免农药对孩子的伤害，很多父母不惜花更多的钱去购买有机商品。不过，市面上标榜有机的产品，真的就没有农药残留吗？其实，这真的必须看商人的良心。此外，就算农夫栽种时没有使用农药，有时土地本身残留或空气污染等因素也会让农作物受害，因此标榜有机的商品真的就能完全安心食用吗？我们家里是务农的，因此我常说自己是“农夫的女儿”，以我们家三四十年的务农经验来看，真的要奉劝爸爸妈妈们不要太迷信“有机”这两个字。

方法对了，轻松摆脱农药的威胁

另外，我还想跟大家分享一件事，那就是“农药其实也没有那么恐怖”，只要方法对了，不用花大价钱也能摆脱农药的威胁。要去除蔬果上的农药，很多人会用小苏打、盐或臭氧来清洗蔬果，其实这都不如用流动的水多洗几次来得有效。有些人会用盐清洗蔬果，想着是不是能够减少农药残留，其实这是错误的方法哦，因为盐不能有效分解农药。建议大家吃蔬果前，记得使用流动的水多冲洗几次，比在水中加入任何物质都要安全跟安心哦！

在挑选蔬果的时候，除了要以当季盛产为原则，也要尽量选择产量较大的产地，因为当季蔬果都会大量收成，量多价格就会下降，为了成本考量，价格低的蔬果自然较少喷洒农药，很多人不知道，其实农药的价格还真不便宜呢！

而挑选产地也是同样的道理，每个地方的气候及土壤适合栽种的蔬果不同，种在对的产地，蔬果自然会长得又多又好。相反地，如果产地的条件不适合种植该种蔬果，农民为了要大量收成，有时就必须依靠外力的协助，才能让农作物顺利成长。聪明的爸爸妈妈们，下次选购蔬果时记得，除了要挑当季的，也要选产地哦！

另外，我个人也推荐温室蔬果。温室栽种的方式，能减少病虫害的发生，农药自然就使用得更少，如此我们食用时也会多一分安心。

和宝贝一起正确

自来水中含有氯，能氧化蔬果中残留的农药，清洗时将自来水开细细的一条直线，将蔬果放在水龙头下，让水慢慢流动、冲洗几分钟，就能消除大部分农药哦！

01 西蓝花

清洗重点：

1. 先放在水龙头下以流动的水冲洗花朵的部分。
2. 再用牙刷或软刷刷洗菜梗。

小提醒：

1. 清洗后先切小朵，接着再用热水烫过，能溶出大部分的农药。
2. 因农药较易残留在花朵的部分，所以此部位需加强清洗。

Vegetable

02 玉米

清洗重点：

1. 记得手沾到外壳的话，要先清洗干净手，然后再进行处理切块的动作。
2. 如果买到的是去壳的玉米，可以用牙刷或软刷清洗玉米粒的间隙，多冲洗是减少玉米农药残留的不二法则。

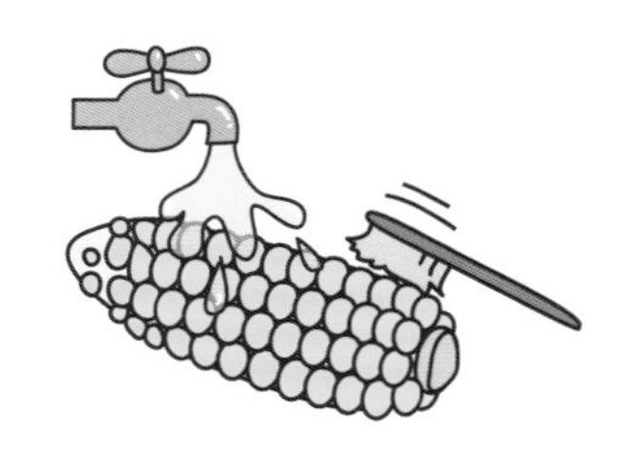

小提醒：

1. 尽量购买带壳的玉米，这样可以增加保存的时间，买回来后再把外壳去除。
2. 玉米尽量不要连壳一起煮食，因为容易让叶壳上的农药进入烹煮的水中，再让玉米吸收进去。

Vegetable

03 甜椒

清洗重点：

1．先用流动的水冲洗，接着用手搓洗表面。

2．蒂头部分可以使用牙刷或软刷刷洗。

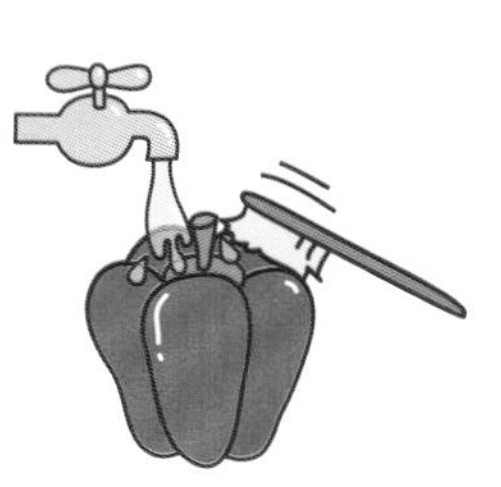

小提醒：

食用时去除头尾较容易残留农药的部分，可以吃得更安心。

04 小黄瓜

清洗重点：

以流动的清水清洗即可，食用时记得去除头尾。

小提醒：

1．小黄瓜的农药残留不算少，而且因为小黄瓜通常都是做成生菜沙拉或连皮直接吃，因此清洗时一定要更加仔细、小心，千万不能偷懒。

2．买回来后先放置在通风处1～2天，让农药自然挥发后再食用会更好。

Vegetable

05 卷心菜

清洗重点：

1．先把外面较老的叶片剥除，就能减少部分农药。

2．剥成一片片，再用流动的清水清洗就可以了。

小提醒：

只要是包叶菜类，清洗前都要把外面的叶片去掉，除了能直接去除残留在上面的农药外，也能避免因外叶接触到里面的叶片，让农药感染进去。

Vegetable

06 四季豆

清洗重点：

1. 豆荚两端与中间凹陷处用刷子仔细清洗。
2. 将两边的蒂头拔除，中间的筋丝去除。

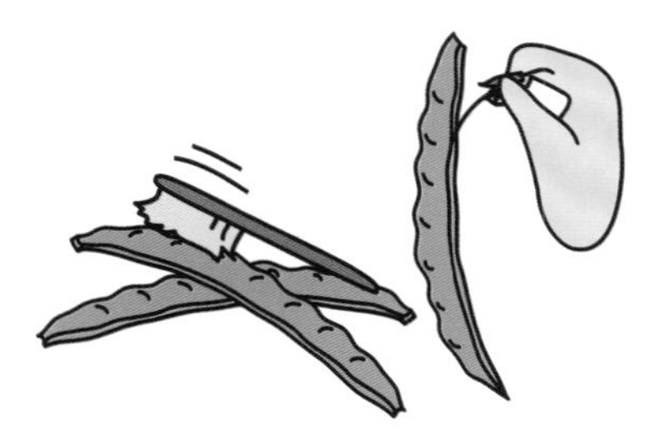

小提醒：

1. 豆子的尾部尖端处最容易残留农药，要特别留意清洗。
2. 豆子采收期较长，较难判断是否在安全的采收期，为了减少农药污染，购买后一定要用流动的水小心仔细地清洗干净。

Vegetable

07 胡萝卜

清洗重点：

1. 表面凹陷处用刷子清洗，避免泥土残留。
2. 切掉蒂头并去皮后即可烹煮食用。

小提醒：

1. 萝卜属于根茎类蔬菜，因在泥土下生长，不太会有农药残留的问题。
2. 萝卜上的泥土可以延长保存期限，如果不想马上食用，不要清洗掉其上的泥土，而不带泥土的萝卜则不宜久放，要尽快食用。

Vegetable 08 菇类

清洗重点：

1. 先将菇类根部切除后，浸泡于水中。
2. 稍微翻动清洗后再把水倒掉，重复3～5次。

小提醒：

1. 菇类不易保存，买回来后要尽快食用。
2. 料理前再清洗才能避免腐烂。

Vegetable 09 洋葱

清洗重点：

1. 先用流动的水清洗干净。
2. 去除外皮跟头尾，就能减少大部分的农药残留。

小提醒：

1. 洋葱甜甜的，不但有营养、好吃，还能提高小朋友的抵抗力，是不可多得的好食材。
2. 洋葱很耐放，放在通风处几天有助于农药挥发。

Vegetable 10 红薯

清洗重点：

1. 用流动的清水冲洗干净。
2. 去皮能减少农药残留。

小提醒：

香甜的红薯很受大人小孩喜爱，因为属于根茎类，农药残留不会太多，只要清洗、去皮，就可安心食用。

和宝贝一起正确洗水果

水果不但美味，营养也十分丰富，对孩子们来说，是最完美的食材。不同水果的清洗要诀有什么不同呢？赶快来看一看！

Fruit 01 西瓜

瓜果类水果买回来后可以放置于通风处2～3天，让药剂分解后再用清水清洗果皮。

清洗重点：

1. 蒂头及尾部的地方可特别用牙刷加强清洗，避免接触到农药。
2. 食用时也可去头尾，这样就能避开大部分的药剂。

选购方式：

挑选西瓜时，可选购头尾两端大小一致的，表皮颜色亮绿表示果实的营养充足、成熟度够，过熟的西瓜会呈现淡（浅）绿色。

保存方式：

1. 保存不难，通常放置于通风阴凉处即可。
2. 买回来如果不马上食用，千万不要用水洗，避免湿气导致表皮腐烂。瓜类水果虽然较耐放，但还是趁新鲜食用最好。

※ 清洗及保存方式适用于香瓜、哈密瓜。

小鱼妈分享

有些网络传言说农民会给西瓜打药剂，以小鱼妈家里曾经种植西瓜的经验，打药剂会有针孔，反而让瓜类水果不易存放，农民应该不太会做这样的事情，所以不用过于担心。

Fruit 02 香蕉

香蕉通常不会连皮一起吃，只要清洗干净并且去除外皮即可食用。

清洗重点：

食用前用流动的水清洗残留于表皮的农药，可避免食用时接触到外皮而造成农药感染。

选购方式：

1. 体型肥厚圆润、表皮金黄，闻起来果香浓郁者为佳。如有黑点代表已经成熟，须尽快食用以免过熟、腐败。
2. 建议不要一次买太多，约两天内能食用完毕的量为佳。

保存方式：

保存在阴凉通风处即可。

※ 清洗保存的方式菠萝、百香果、木瓜、荔枝等去皮水果皆适用。部分去皮水果需冷藏保鲜。

Fruit 03 番石榴

番石榴通常都有套袋处理，不用担心农药直接残留在果实内，但必须注意接触型农药感染的问题。

清洗重点：

1. 用流动的水清洗即可，凹凸不平的地方（如蒂头、尾端）因易残留农药，可用软性刷子或牙刷来加强清洁。
2. 食用时记得将蒂头跟脐的部分切除。

选购方式：

表面无黑色斑点，表皮为黄绿色的番石榴口感最好，表皮太绿的较生涩，太黄则较软、不够脆。

保存方式：

1. 番石榴常有套袋或泡沫塑料网，将袋子或塑料网取下后放入冰箱冷藏即可。
2. 切勿先洗过再冰，否则易因湿气过重而较快腐烂。

※ 清洗保存方式也适用于杨桃等外皮可食用的水果。

Fruit

04 橘子

市售橘子有时会进行防腐处理，建议买回后先存放1～2天让农药分解后再清洗。

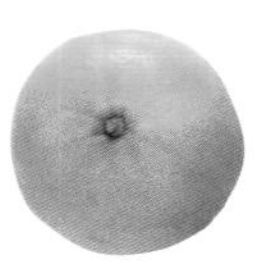

清洗重点：

用流动的水充分清洗后，即可去皮食用。

选购方式：

橘子好吃与否没有特别的挑选秘诀，只能碰运气，通常同一批的橘子甜度会差不多，建议可以请老板先剥一颗试吃看看，若无法试吃，可以放在手中掂一掂，比较重代表水分较多。

保存方式：

1. 橘子通常八分熟就采收，买回后需存放几天风味才会更好。
2. 柑橘类水果中柚子、柠檬都属于耐放型的，但椪柑、桶柑就无法保存那么久，天气较干燥时水分易流失，除了会造成表皮干皱，口感也会变差，但环境太潮湿时，又会因霉菌侵袭而腐烂。建议橘子买回来后先将塑胶套袋去除，存放在室温通风处即可，不需放入冰箱冷藏，湿气过重反而不易保存。

※ 清洗保存方式也适用于柑橘类。

Fruit

05 西红柿

西红柿属于蔬菜类，小西红柿属水果类，很多人直接生食，此外，西红柿更是生菜沙拉不可或缺的配色主角，更需要仔细清洁。

清洗重点：

1. 西红柿需要靠时间才能够挥发掉农药，若存放时间不够久，挥发的效果会不显著。
2. 西红柿可以使用流动的水搭配软毛刷或牙刷轻刷蒂头，而小西红柿建议放在盆内用流动的水反复清洗。

选购方式：

1. 摸摸看果肉是否扎实，蒂头越鲜绿的越新鲜。
2. 西红柿的尾端条纹有星型的，会比较好吃。

保存方式：

1. 室温保存即可，若2～3天没食用完毕再放入冰箱冷藏。
2. 保存时蒂头朝下，可以防止水分从蒂头流失。

Fruit

06 奇异果

奇异果通常都是对半切开用汤匙吃，或将果肉挖出来加入酸奶或当成沙拉食用，比较不用担心吃到农药的问题。

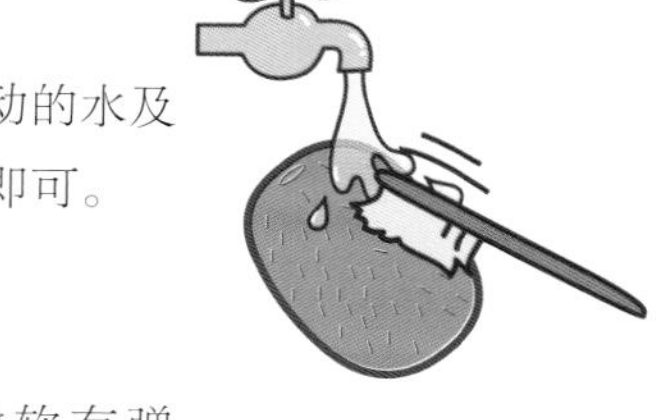

清洗重点：

食用前用流动的水及软毛刷清洗表皮即可。

选购方式：

挑选果肉微软有弹性、没有压伤或腐烂的为佳。

保存方式：

买回来的奇异果通常果实还不够熟，若要现吃可以挑选果实较软且有香味的，较不熟者建议放入塑料袋内室温保存，如此可加速软化，等到果蒂软了、有果香味时即可食用。

Fruit

07 樱桃

樱桃的农药通常残留在果皮上跟蒂头处，而我们吃樱桃时一定是连果皮一起食用，清洗时一定要格外用心。

清洗重点：

用手搓洗樱桃表面，蒂头凹陷处用软牙刷加强清洗，以流动的水将果实冲洗干净即可。

选购方式：

蒂头没有脱落且表皮紧实的较为新鲜。

保存方式：

樱桃几乎都是进口的，所以都是冷藏保存，购买回来直接放冰箱冷藏，吃多少洗多少。

Fruit

08 苹果

苹果属于核果类水果，农药通常残留在果皮跟蒂头处，去除这些部位就能避免农药危害。

清洗重点：

1. 蒂头凹陷处可用软牙刷加强清洗，并以流动的水清洗果皮。
2. 苹果一般都会去皮食用，不过苹果表皮的养分很多，有些人会想带皮吃，我建议除非确定农家耕作方式，否则还是去皮吃较保险。
3. 若真要连皮吃，建议将苹果放在静置的水中约半小时，不要搅动，重新换水后再静置半小时，最少重复3～4次，食用前记得再冲洗1次。

选购方式：

用手试重量及轻拍，较重或有清脆声音者水分较多。尽量选择表面没有光亮感的苹果，这样的没有上蜡，蒂头完整无脱落者则较为新鲜。

保存方式：

苹果、水梨等是经济效益较高的水果，通常农家采收完后都会冷藏保存，消费者买回来后直接放冰箱冷藏即可。

※清洗保存方式也适用于水梨、柿子、枣。

Fruit

09 葡萄

葡萄最有营养的部分除了籽还有葡萄皮，所以有人习惯整颗吃再吐籽跟皮，只要嘴巴碰到皮，都有接触到农药的风险，所以更需要仔细清洗。

清洗重点：

1. 表面的白色粉状物，如果是套袋的则为果粉，不需特别清除。但如果是没有套袋的葡萄，则要仔细清洗干净。
2. 用剪刀将葡萄一颗颗剪下，在流动的水下一颗颗清洗。如购买无套袋的葡萄，可以在水里加入马铃薯淀粉，浸泡10分钟，粉质可以有效去除葡萄表皮的脏污及蜘蛛丝。
3. 切勿用拔的方式，以避免因果肉外露而造成二次污染。

选购方式：

选择无落果、梗为翠绿色较为新鲜的葡萄。

保存方式：

1. 葡萄较不易保存，建议不要一次买太多，而且吃多少洗多少，尽量不要洗完了又放回冰箱。
2. 葡萄买回后若没有马上吃，用白报纸包覆再冷藏，可延长保鲜期。

Fruit

10 草莓

草莓是小孩最爱的水果，也是坊间传说农药最多的水果，因其价高又易受病虫害的侵袭，所以现在很多果农都愿意添购设备来防止病虫害，除了提升产量，农药的施洒也减少很多。

清洗重点：

1. 以流动的水清洗，或整颗连蒂静置于水盆中10分钟，换水后再放置10分钟，重复3～4次即可。
2. 蒂头是农药最易残留的地方，一定要加强清洗才行，食用时也不要将梗吃进嘴里。

选购方式：

请选择信用较好的农家购买，若无法确认则加强清洗工作。

保存方式：

草莓果实较脆弱，容易碰撞腐烂，选购时不要一次买太多，吃多少洗多少，洗完后尽快食用。

通过与大地的接触让孩子珍惜食物！

通过料理过程认识食材，或是有机会带着孩子到农田里走走，让他们学习感恩、珍惜大自然的物产！

我的父母是务农的，因此我从小就深刻感受到农民的辛劳。家里务农的好处是，永远有吃不完的新鲜蔬果，而且不必担心农药残留的问题。每次放假回南部，父母总是让我满载而归，尤其有了小鱼跟美人鱼之后，阿公、阿嬷更是源源不断地供应各式各样的蔬果，就怕孩子们吃不够呢。

除了蔬果，还有阿嬷自己养的鸡，每次孩子感冒胃口不好，我都会做滴鸡精，让他们好好补一补。小鱼小时候有过敏的毛病，有时一吃到有问题的食物就会全身又红又痒，因此我都不太敢随便采买食材，有了阿公、阿嬷的爱心蔬果及咕咕鸡，我就可以让孩子放心地吃了。

当了妈妈之后，才感受到家里有农田可以自由耕种是多么幸福，例如我很爱做甜点给家人吃，所以常会用柠檬，但市售柑橘类常有农药超标的问题，要买到能安心食用的柠檬真的不容易。小鱼的阿公听到这件事后，竟然帮我种了一整片柠檬树，现在我们不但有好多新鲜、无毒的柠檬可以吃，还能跟好多朋友一起分享。

开心农场让孩子学会感恩、感谢

我家原本是以种植水果为主，但我生完小鱼坐月子时，阿嬷担心外面的鸡肉都有打抗生素，怕会影响身体健康，于是就

自己养了一群鸡，现在不只我有口福，连小鱼跟妹妹美人鱼都跟着受惠！

因为家里有农场，在吃的方面我们比别人幸运一些，所以我常会跟小鱼说要珍惜这来之不易的幸福，因为这些食材都是阿公、阿嬷辛苦种来或养大的。只要有空，我们也会带着孩子回南部，一起到阿公、阿嬷的“开心农场”帮忙。在田里奔跑的小鱼，总是把全身弄得脏兮兮的，但脸上的笑容却是十分满足。通过跟土地的接触，除了让孩子体会农民的辛劳，学会感谢、感恩，也能让他们更加珍惜吃进嘴里的每一口食物。

GOOD
IDEA
Egg

Enjoy time

手指动一动、捏一捏！

促进手脑发展的聪明食谱

香蕉花生开口笑
用手揉面团，好像玩黏土一样！

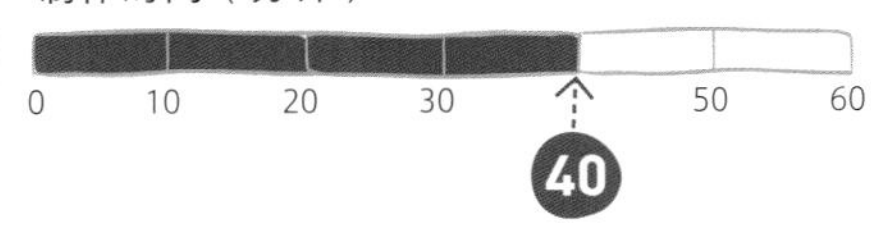

材料

松饼粉……150g
牛奶……100ml
香蕉……1 根
花生酱……适量

How to cook

1 松饼粉与牛奶混合后揉成团，盖上保鲜膜，静置松弛30分钟。

2 松弛完将面团揉成长条型。

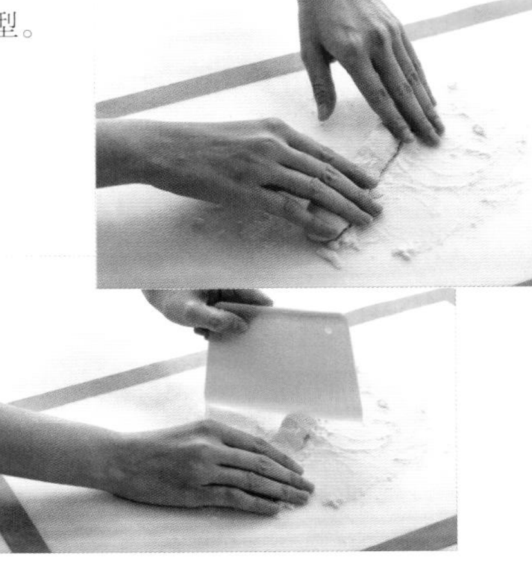

3 再用切面板切成小块。

4 香蕉切成小段，用面团包覆住。

小朋友请用安全刀子。

小朋友可以做这个哦！

5 收口朝下垫馒头纸，电锅内放网架，外锅1杯水按开始，跳起即完成，食用前抹上花生酱。

用手揉面团就像玩黏土一样，能帮助孩子的小肌肉发展，而且香蕉香香甜甜的孩子也很喜欢。加上小鱼的阿嬷种植了很多水果，像香蕉常常约好一起成熟，太多了吃不完。变化一下让香蕉入面团，味道很搭，小孩接受度也很高，更能够爱物惜物、不浪费，下次家里有过多成熟香蕉的时候，别忘了试试哦！

紫米养生饭卷

通过食材来认识颜色、形状！

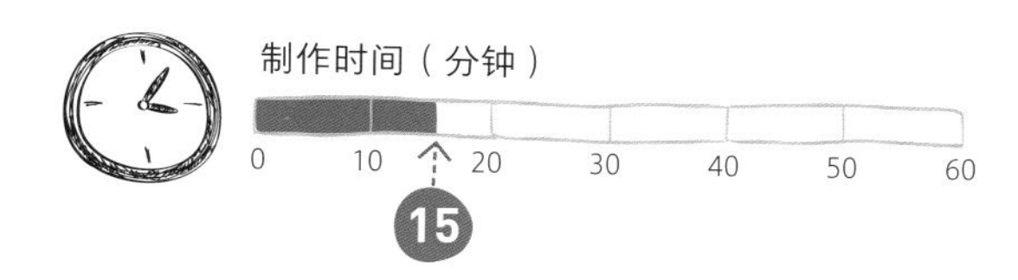

材料

胡萝卜……1/2 条
小黄瓜……1/2 条
西红柿片……1 片
芝士片……3 片
海苔片……1 片
苹果……1 个
煮熟的紫米饭……1/2 碗
沙拉酱……少许

How to cook

1 胡萝卜切成条状、烫熟、放凉；小黄瓜切成条状，用开水稍微烫一下；苹果切片后泡盐水，备用。

2 海苔片平放，挤上沙拉酱。

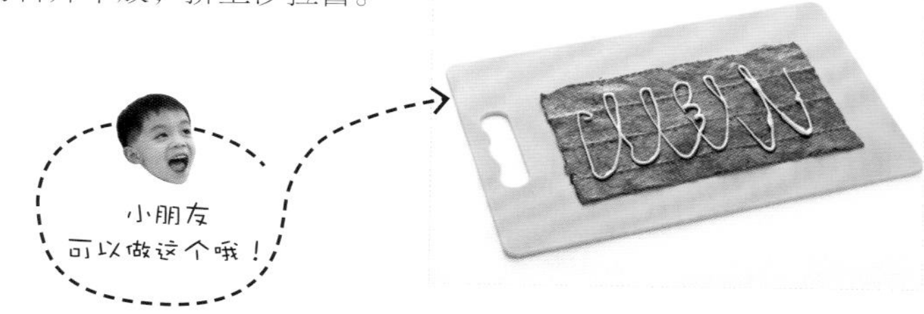

3 紫米饭铺在海苔片上，再依序放入胡萝卜、小黄瓜、芝士片、苹果片、西红柿片。

4 将海苔卷成长条状。

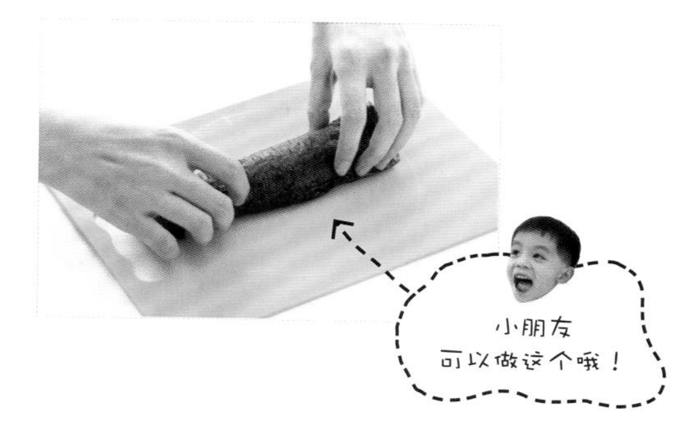

5 封口处用沙拉酱固定，切片或用保鲜膜包裹直接拿着食用。

小鱼妈分享

这道菜是为了让不爱吃蔬菜的小朋友，能通过“玩”料理的方式吃进平常不爱的胡萝卜、小黄瓜，甚至有些不爱吃芝士或水果的孩子，都能通过这道料理，边玩边把营养吃进去。

和风水果沙拉

多吃乳酸菌，嗯嗯更顺畅！

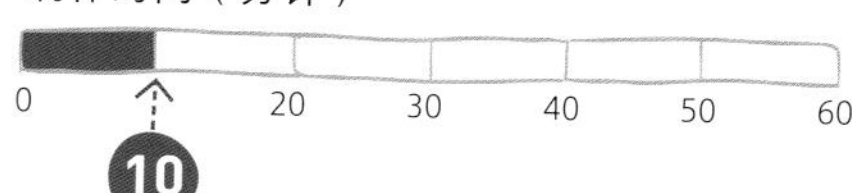

材料

苹果……1/2 个
小黄瓜……1 根
香蕉……1 根
罐装玉米粒……1 大汤匙
烫熟的胡萝卜……1/2 根
生菜……1 片
烤熟的吐司丁……30g
碎坚果（杏仁片、核桃、黑白芝麻）……适量

调味料

酸奶……75ml
沙拉酱……10g
鲜奶油……10ml

How to cook

1 苹果切丁、泡盐水（避免氧化），备用。

2 小黄瓜用波浪刀切片，香蕉切片，生菜切小片，胡萝卜切丁，备用。

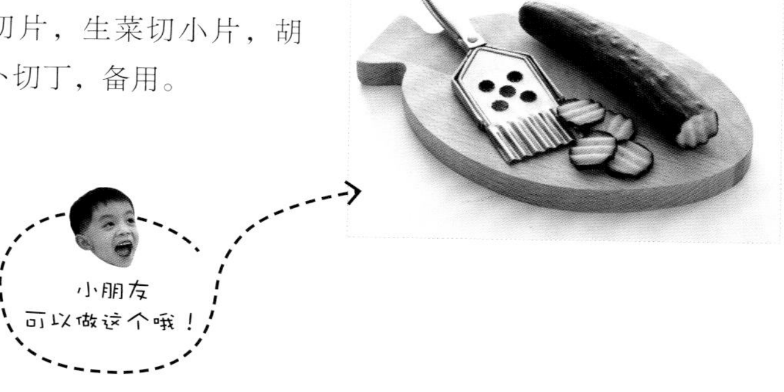

3 取一个大碗，将所有食材放入。将酸奶、沙拉酱、鲜奶油混合成酱汁淋在食材上。

小鱼妈分享

这道菜的产生是因为之前有位妈妈跟我分享，孩子都不吃水果，蔬菜吃得也不多，上厕所较不顺，但要他们单独吃蔬菜水果，还挺困难的。其实，相较于强迫，直接带着孩子一起动手做是最好的方法。通过“玩”料理，能让他们吃进许多蔬果，而酸奶内的乳酸菌也能促进肠胃蠕动。此外，这道料理也能让孩子学到胡萝卜中有很多营养素，其中的胡萝卜素对眼睛非常好，而苹果含有大量的膳食纤维，能让嗯嗯更顺畅哦！

蜂蜜芝麻球
搓长条、搓圆，训练专注度！

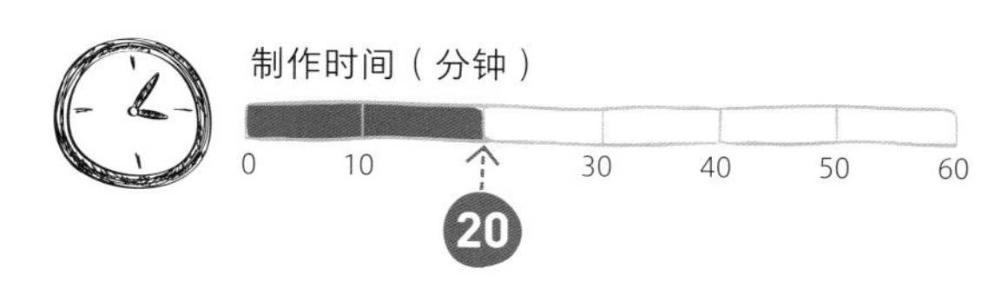

材料

红薯……2个
糯米粉……150g
红薯粉……50g
砂糖……50g
水或牛奶……110ml
无铝泡打粉……4g
蜂蜜……20g
黑白芝麻……50g

How to cook

1 蒸熟的红薯加入糯米粉、红薯粉、砂糖、泡打粉、水，搅拌均匀。

2 搓成长条形，再用剪刀剪小块后搓圆。

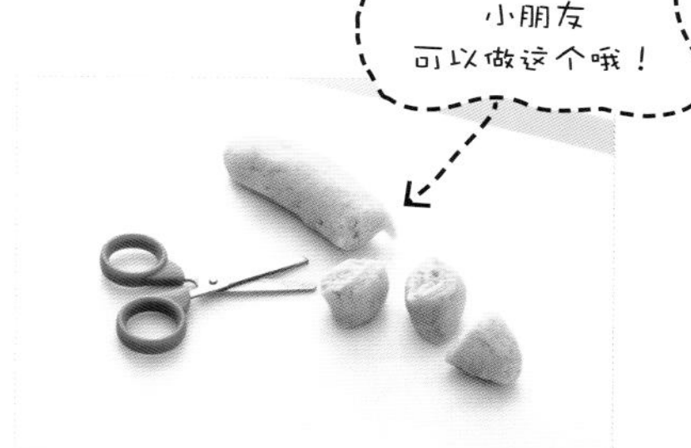

3 搓圆后，由妈妈拿去油炸。油炸过程中，必须将地瓜圆压扁，重复3～4次。

4 起锅后，均匀沾上蜂蜜，再裹上黑白芝麻即可。

这样中间才会空心，吃起来口感会更好。

小鱼妈分享

这道料理主要是让小朋友训练肌肉，搅拌→搓长条→拿剪刀剪成块状→搓圆的过程，可以边玩边练习手部的细微动作，搅拌的动作能协助儿童确认自己的惯用手，另一手扶着钢盆或碗搅拌，也对未来练习写字的动作有帮助，而拿剪刀的动作能增加肩膀的稳定性，搓长条、搓圆能让孩子专注于学习不同触觉的辨识、形状的概念、肩膀跟手的协调，可以让左右手做不同的动作。

通过压模动作，
手脑并用！
果酱三明治

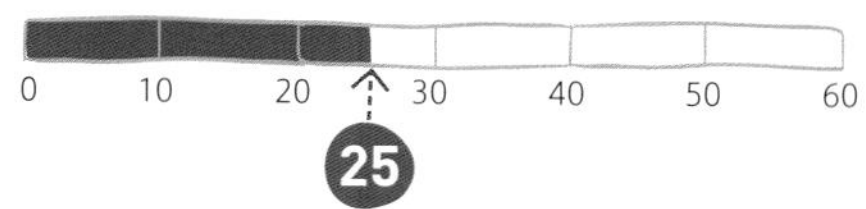

材料

草莓果酱……适量
苹果果酱……适量
白吐司……4 片

How to cook

1 取两片吐司，一片涂上果酱后，盖上另一片。

2 让孩子选择喜爱的饼干模型，压成可爱的图案就完成咯！

小鱼妈分享

这道料理适合年纪较小的孩子操作，因为材料简单，动作也简单，涂果酱时要怎样才能让吐司涂满，却不会沾到桌子上或涂到边边，可以训练孩子的空间感。而如何压模才能压出最多块的吐司，则能够训练视觉、脑的运用并改善手指耐力、肌肉的协调性。

酸甜苹果丝
切丝动作，训练左右手平衡！

制作时间（分钟）

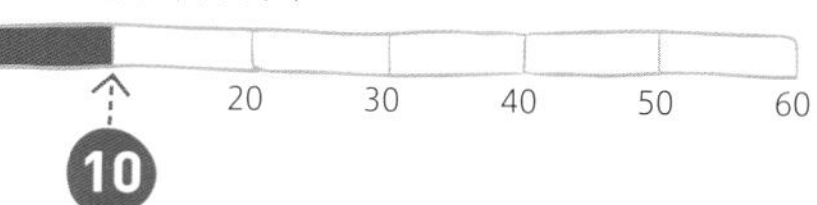

材料

苹果……2 个
水果醋……50ml
砂糖……30g
盐水……50ml

How to cook

1 苹果洗净、去皮。

2 将苹果切成薄片，再切丝。

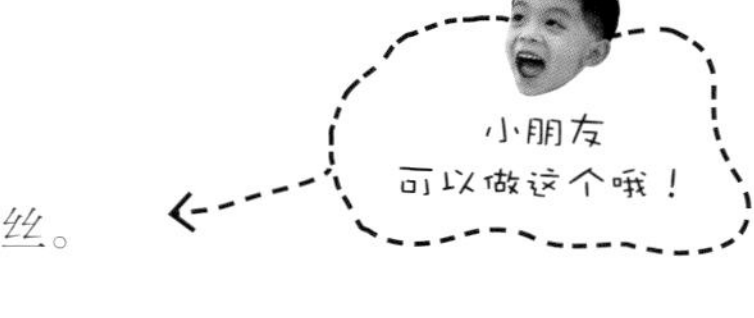

小朋友请用安全刀子。

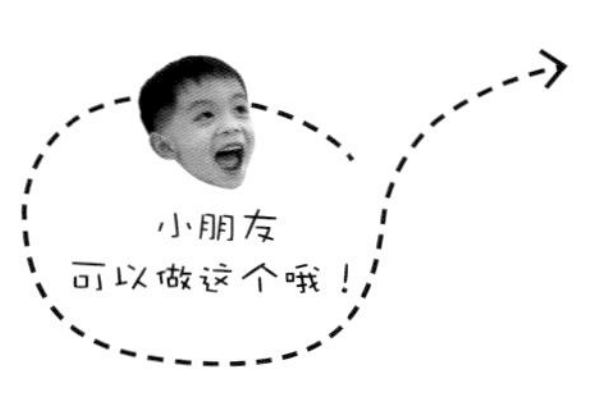

3 接着把苹果丝浸泡想盐水中，放上盘子备用。

4 水果醋加砂糖搅拌均匀，再淋在苹果丝上即可。

Tips | 苹果氧化了，怎么办？

可以用含有维生素 C 的物质还原，例如：柠檬汁、橙汁，能让变黑的苹果恢复原本的颜色。

让小孩子使用安全小刀将苹果切丝，可以训练孩子的左右手平衡，也有助于辨识孩子的惯性手。看似简单的泡盐水动作，能让孩子了解化学变化，比如苹果含有酵素和多酚类物质，而多酚类物质受到酵素作用容易氧化，会使颜色产生变化，泡盐水能防止苹果氧化。

坚果焦糖苹果

挖水果动作，训练专注力！

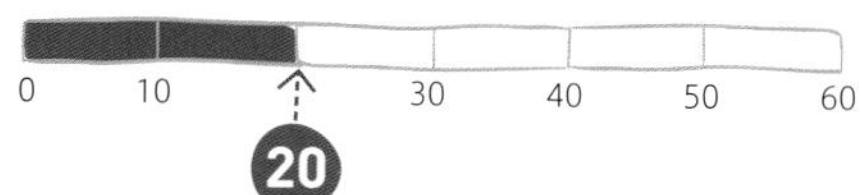

材料

碎的综合坚果……30g
细砂糖……50g
热水……20ml
苹果……1 个

How to cook

1 将苹果用挖洞器挖成小球状、泡盐水，备用。

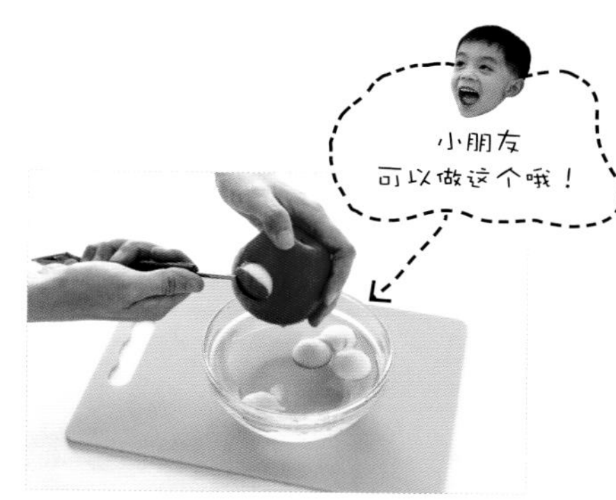

2 砂糖放在锅中用小火慢慢熬煮至融化，将热水倒入融化好的糖水中，即成为焦糖。

3 泡过盐水的苹果球用容器装着，把焦糖淋在苹果球上。

4 坚果用器具捣碎后，撒在苹果球上即可。

Tips｜没有挖洞器，有其他替代器具吗？

妈妈们可能会问，如果家里没有挖洞器怎么办呢，其实，也可以用咖啡汤匙来替代哦！

将苹果挖成球状，让孩子在视觉上有不同的刺激，而且一球一球的看起来很可爱，小孩看到圆形的食物也比较有兴趣吃，又能锻炼肌肉，边挖球、边数数，让孩子边玩边学习，一举数得。

面包芝士条

切丝、切条，有助于锻炼小肌肉！

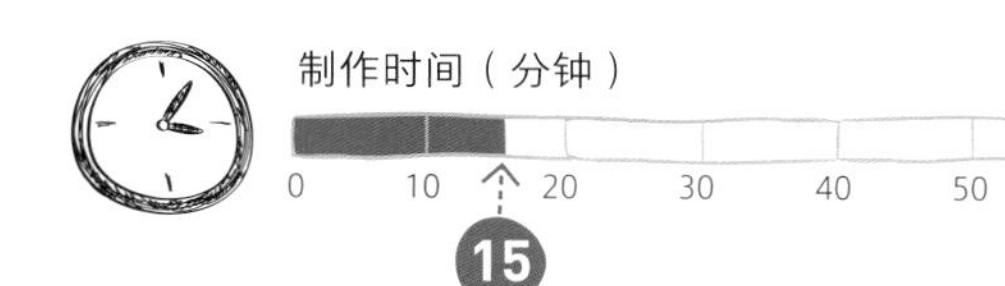

材料

吐司……4片
牛奶……250ml
芝士片……2片
西红柿酱……20g

How to cook

1 吐司切成长条形，将吐司条泡在牛奶里至软化。

2 油锅烧热后，将吐司条放入，炸至两面金黄盛盘。

3 芝士片切成细丝，放在炸好的吐司条上。

4 最后放上西红柿酱即可。

这道料理可以让孩子练习吐司切条、芝士切丝的动作，有助于锻炼肌肉；也适合把没吃完的吐司，拿来作料理用，从而让孩子学会珍惜食材，发挥想象力与创造力。

全麦糙米面疙瘩

擀面团能锻炼孩子的肌肉与协调性！

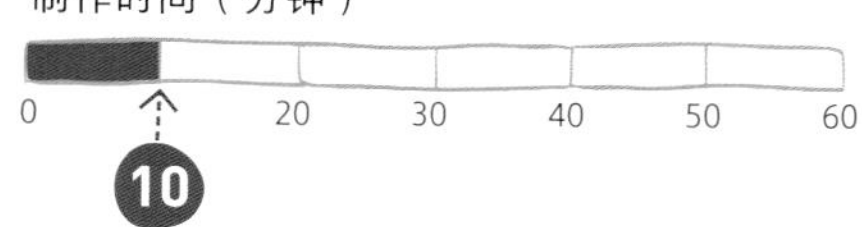

材料

熟糙米饭……1 碗
全麦面粉……1 碗
胡萝卜……1 根
西蓝花……1 小朵
海苔……1 片
鸡蛋……1 颗
盐……适量

How to cook

1 将糙米饭与全麦面粉完全搅拌均匀。

2 胡萝卜洗净、去皮，用电锅蒸熟后放凉；西蓝花洗净、切除梗的部分，将花朵部分用剪刀剪碎，备用。

3 取1/3根蒸熟的胡萝卜切碎，将剪碎的西蓝花与糙米饭搅拌均匀，然后放入塑胶袋内，用擀面棍擀均匀成面团。

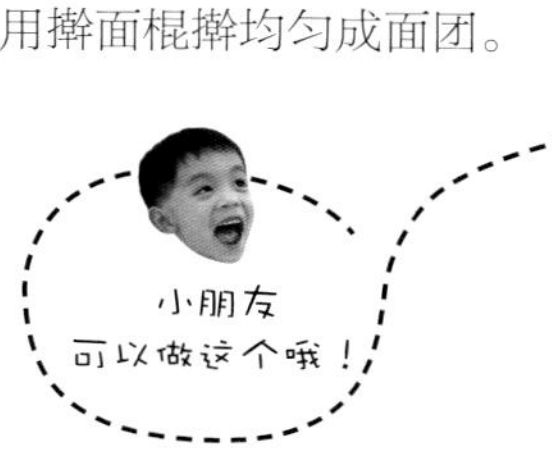

4 将面团剥一小块、一小块与西蓝花梗一起放入高汤中煮至面团浮起。蛋打散加入高汤中，然后加盐调味。

5 将海苔片用剪刀剪成细丝，剩下的胡萝卜用饼干模压出图案，放在上面装饰即可。

小鱼妈分享

擀面团的动作能够锻炼孩子的肌肉及两侧的协调性，用手混合材料对感觉统合有非常棒的好处，使用剪刀的动作能增加肩膀的稳定性，还能训练肩膀跟手的协调性，建议让小朋友左右手做不同的动作。

芝麻杏仁瓦片
搅拌蛋液，锻炼肌肉
与左右手平衡！

制作时间（分钟）

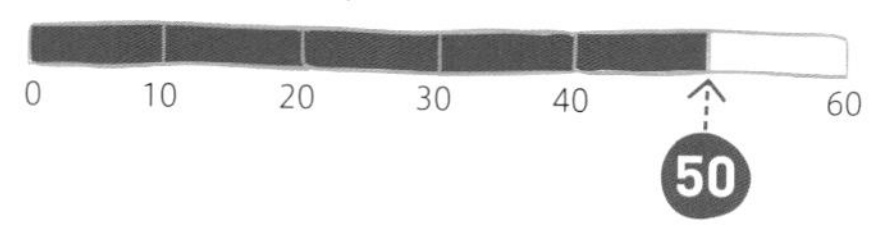

材料

低筋面粉……60g
糖粉……60g
黄油……60g
薄杏仁片……250g
黑芝麻……30g
蛋清……约2个
鸡蛋……约1个

How to cook

1 黄油隔水加热至融化，备用；1个鸡蛋加上2个蛋清，用打蛋器稍微搅拌打散，备用。

2 面粉、糖粉分别过筛，备用。将糖粉加入蛋液中，加入过筛后的面粉与融化的黄油、黑芝麻一起搅拌。

3 加入杏仁片搅拌均匀，让杏仁片充分吸收黄油蛋液，放入冰箱冷藏1小时后，用烤箱预热180℃，在烤盘上铺上烘焙纸。

4 把荷包蛋模放在烘焙纸上，均匀铺上杏仁片，用汤匙推平。

5 进烤箱烤约30分钟上色即可。

搅拌蛋液的动作能锻炼孩子的肌肉与左右手的平衡；推平杏仁片的动作需要专注力，让小朋友试做，能够增加他们的专注度，还能训练其耐心及稳定性。

香葱薯饼

马铃薯的香味能刺激孩子的嗅觉!

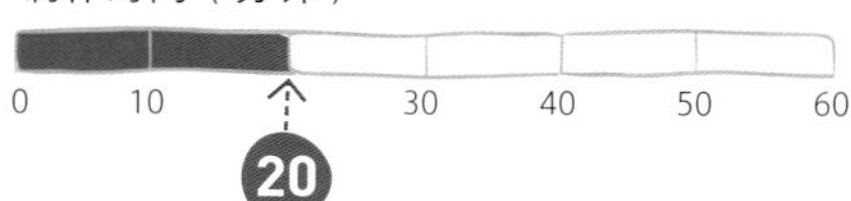

材料

马铃薯……1 个
葱……1 根
黄油……10g
黑芝麻……少许
盐……3g
面粉……20g
水……20ml

How to cook

1 将马铃薯蒸熟后放凉，再用压泥器捣成泥，备用。

2 葱洗净后切成末，备用。

3 马铃薯泥加入面粉、盐、水搅拌均匀后放入保鲜袋，用擀面棍擀平。

4 用饼干模压出喜欢的图案或切片。

5 平底锅内放入黄油，将马铃薯泥煎至两面金黄，最后撒上葱末及芝麻即可。

小鱼妈分享

不要小看压马铃薯泥的动作，它能够促进小朋友的肌肉发展。擀面团的动作能改善本体，与学习控制力道。你知道吗，煎熟的马铃薯香味还能刺激孩子的嗅觉，很有趣吧！

吐司蛋挞
模型压模能锻炼双手的协调性！

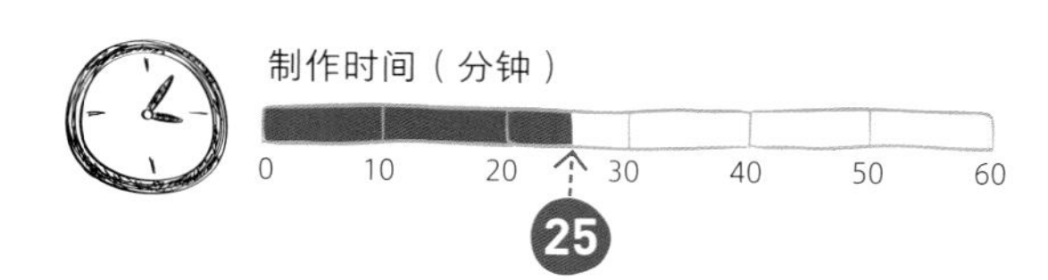

材料

吐司片……4片
牛奶……150ml
鸡蛋……2个
砂糖……20g

How to cook

1 将鸡蛋、牛奶、砂糖放入碗中，用打蛋器打散，备用。

2 吐司用慕斯模压出一个个小圆形。

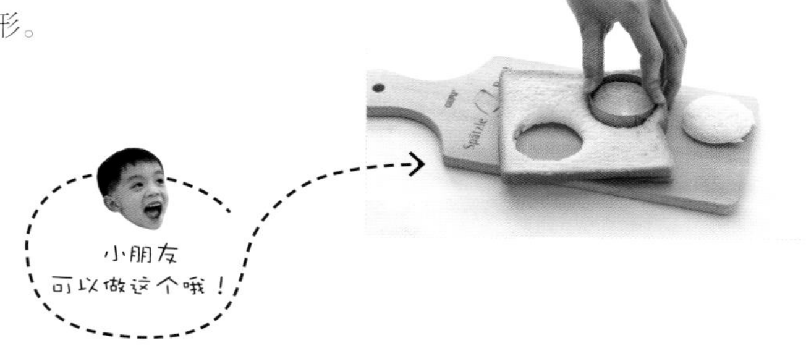

3 将圆形吐司放入马芬模型中。

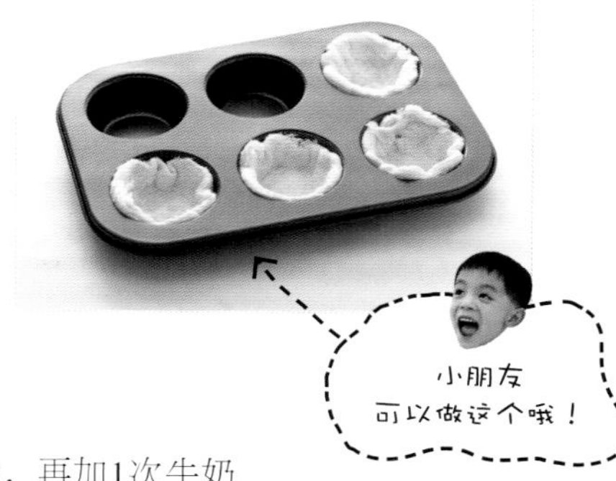

4 将牛奶蛋汁舀入吐司中。

5 烤箱预热190℃，烤约10分钟，再加1次牛奶蛋汁，烤5～10分钟即可。

用模型压模的动作，能够锻炼小朋友的双手协调性和精细动作，而且市售蛋挞外皮是酥皮制成，油脂含量较高，用家里吃不完的吐司来制作，不但不浪费食材，更能让食物有不同的变化，哈，我自己觉得这点还蛮不赖的！

棉花糖酥条

制作时间（分钟）

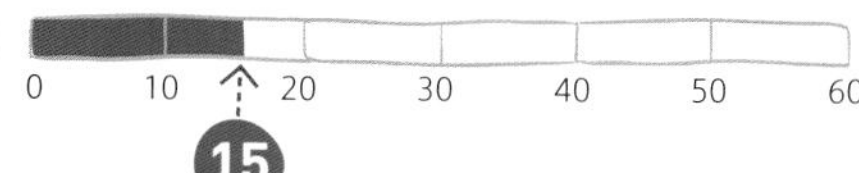

材料

棉花糖……100g
黄油……30g
黑芝麻……20g
乐之饼干……1 袋

How to cook

1 把乐之饼干放入密封袋内压碎，备用。

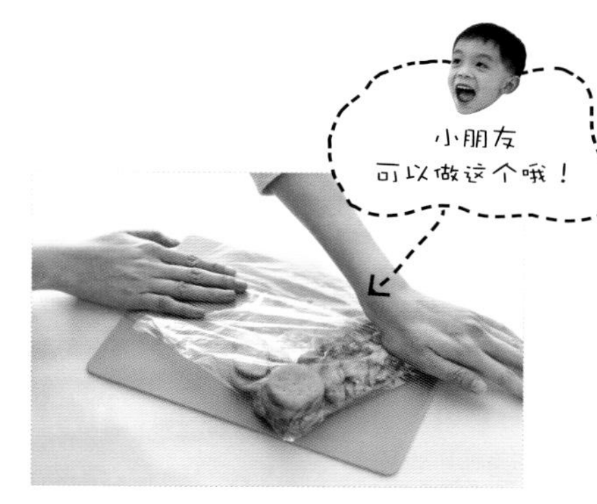

2 黄油放入锅中用小火融化。加入切成小块的棉花糖至融化。

3 然后加入黑芝麻及碎饼干，搅拌均匀。

4 放入铺有烘焙纸的模型内，压平放凉，即可切块。

小鱼妈分享

黄油融化的步骤因为要使用平底锅，请由大人来制作；将饼干压碎的动作，小孩子都很喜欢，能锻炼小肌肉，对于感觉统合训练也很好；饼干和棉花糖是孩子的最爱，保证让孩子一口接一口！

柠檬蜂蜜杯子蛋糕

打蛋器搅拌，训练左右手平衡！

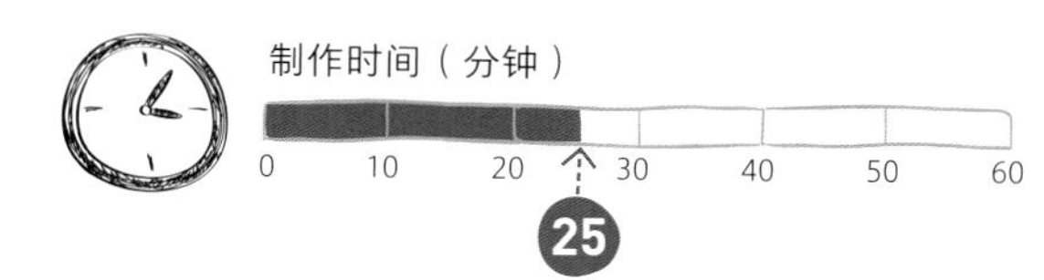

材料

中筋面粉……200g
鸡蛋……1 个
无铝泡打粉……10g
牛奶……250ml
黄油……60g
蜂蜜……20g
砂糖……70g
柠檬汁……25ml
柠檬皮……少许

How to cook

1 黄油隔水加热融化，加入蜂蜜，备用。

2 鸡蛋打散加入砂糖拌匀，加入过筛的面粉拌至呈乳白色，加入鸡蛋、牛奶、黄油蜂蜜拌匀。

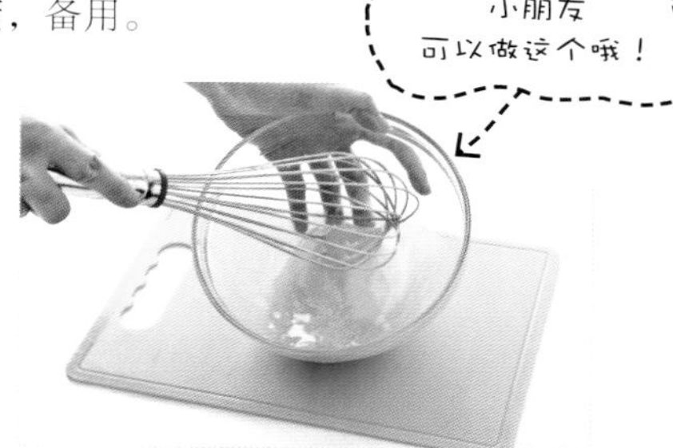

3 然后放入马芬模内，装7～8分满。

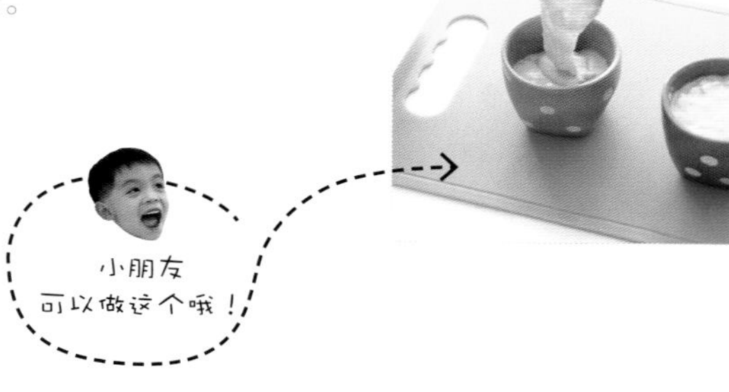

4 烤箱预热180℃，烤约20分钟。

小鱼平常跟我一起做料理，最爱做的就是蛋糕，因为蛋糕可以用到打蛋器，孩子很喜欢用打蛋器搅拌的动作。而且，一手拿着钢盆、一手拿着打蛋器，可以训练左右手平衡，与学龄儿童学写字时，要一手拿笔、一手压住纸是类似动作。烤好的蛋糕，香喷喷的也能刺激孩子的嗅觉，所以，亲子料理中绝对不能少的就是杯子蛋糕啦！

棉花糖米香
包糖果的动作可用到小肌肉！

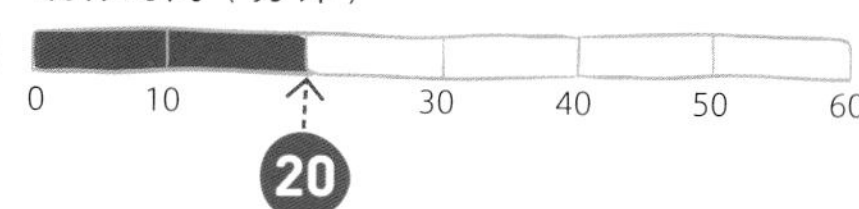

材料

黄油……30g
棉花糖……100g
奶粉……50g
米香粒（大米米花）……100g

How to cook

1 将黄油融化后，加入棉花糖一起加热。

2 待棉花糖融化后，加入奶粉。完全融化后，搅拌均匀再加入米香粒。

3 放在烘焙纸上放凉，将定型后的米香切成小块。最后用糖果纸包起来即可。

这道料理比较适合年龄大一点的孩子来体验，因为棉花糖要完全融化需要较长时间，借此能训练孩子的耐心。此外，包糖果的动作能充分用到肌肉，一举数得！

丰富的颜色
能促进孩子进食！
草地上的小兔子

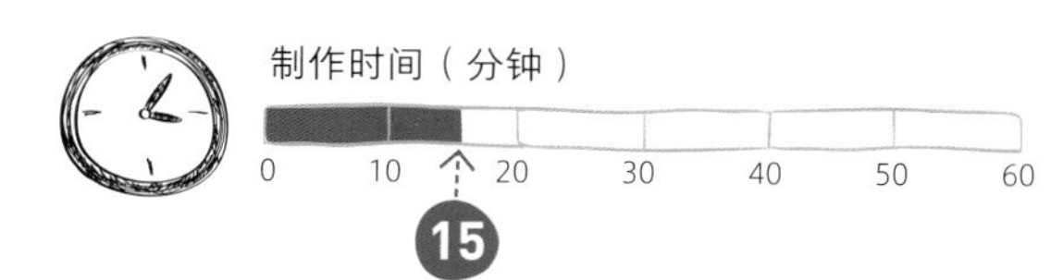

材料

西蓝花……1 朵
小西红柿……3 个
胡萝卜……1 小块
玉米粒……10g

How to cook

1 西蓝花烫熟后放凉，然后切碎或用食物搅拌棒打碎。

2 均匀铺在盘子上当成草地。

小朋友可以做这个哦！

3 胡萝卜煮熟，用压模压成小爱心，放在草地上。

4 小西红柿切成小兔子的形状。

5 把小兔子放在草地上，再加玉米粒做装饰即可。

Tips | 小兔子怎么做？

可爱的西红柿小兔子做法很简单哦，首先先切下小西红柿的尾端，将尾端部分中间划开，就成了兔子耳朵，然后将剩下的小西红柿前方位置划一刀，把耳朵放上，就完成了哦！

小鱼妈分享

这道料理不但可爱，颜色也很丰富漂亮，红配绿能增进孩子进食的意愿；剁碎西蓝花的过程能锻炼孩子的手部肌肉，而制作小兔子的过程能训练孩子的细微动作，是很棒的感觉综合训练哦！

薯片沙拉

压模、波浪刀切片能锻炼孩子的小肌肉！

制作时间（分钟）

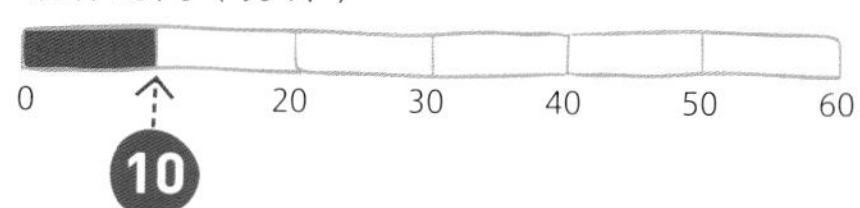

材料

薯片……1 包
苹果……1 个
小黄瓜……1 根
胡萝卜……1 根
沙拉酱……20g

How to cook

1 胡萝卜切片后烫熟，放凉后用饼干模压出可爱的图案。

2 小黄瓜用波浪刀切薄片。

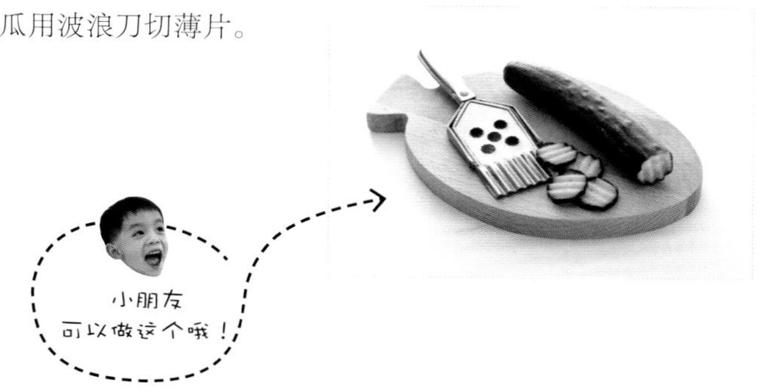

3 苹果切丁，备用。

4 薯片当成容器，将造型后的胡萝卜、波浪小黄瓜及苹果丁放在上面，最后放上沙拉酱即可。

这道菜能让孩子认识不同的形状，搭配上孩子很爱吃的零食薯片，能让孩子不再抗拒吃蔬果；而压模、波浪刀切片，还有苹果切丁的动作，都能锻炼孩子的小肌肉。如果妈妈们担心市售薯片不够健康，可以自己买马铃薯，蒸熟后用蔬果烘干机低温烘烤，想要酥脆口感的话，可以用空气炸锅，在锅中加入一点点油，比买市售的薯片更健康！

莓果山药卷
擀面棍擀平吐司，能锻炼手部肌肉！

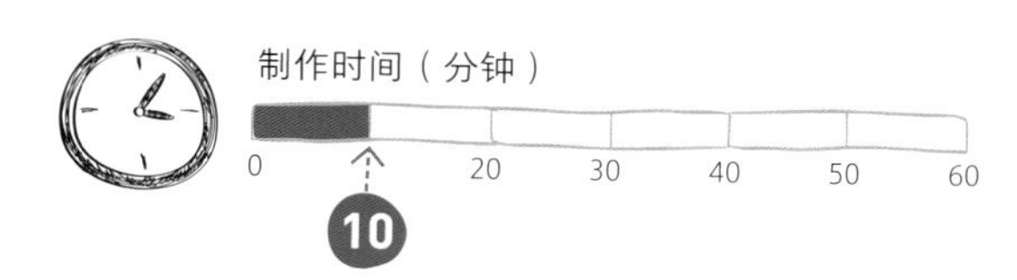

材料

山药……1 根
冷冻综合莓果……50g
吐司……4 片

How to cook

1 吐司切片后，用擀面杖擀平，备用。

2 山药去皮，用水煮熟、切段，备用。

3 冷冻莓果放室温软化，用搅拌棒打成莓果泥。

4 将冷冻莓果泥均匀涂在吐司片上。

5 山药放入吐司片，再卷起，切小块即可。

Tips ｜ 没有搅拌棒，能用果汁机代替吗？

如果家中没有搅拌棒，可以在果汁机中加点水，一起打成果泥。

山药是很营养的食物，搭配吐司与颜色漂亮的莓果，能促进小朋友的食欲；而用擀面杖来擀平吐司的动作能锻炼孩子手部肌肉。因为很多妈妈跟我说，家里的宝贝都不爱吃水果，但其实只要颜色够缤纷，即使不爱吃的食物，小朋友都会愿意吃。不想使用或买不到山药时，也可以用南瓜或地瓜来替代，颜色会更丰富。

小黄瓜沙拉船

小黄瓜中间挖空，

能学习控制力道！

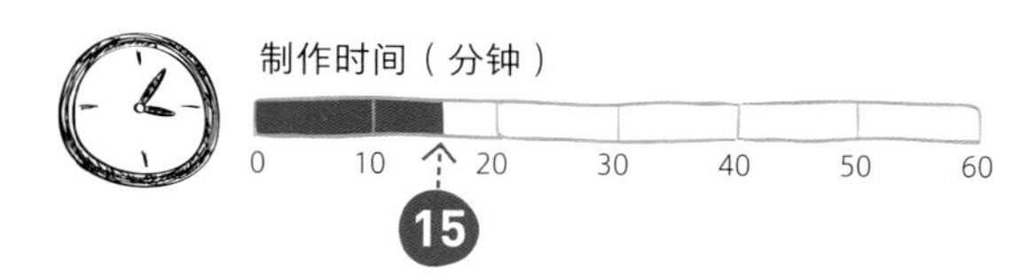

材料

小黄瓜……3 根
胡萝卜……1/2 根
黄甜椒……1/2 个
西洋芹……1 株
沙拉酱……30g

How to cook

Point 小朋友请用安全刀子。

1 将小黄瓜切段，中间挖2个长方形的洞。

小朋友
可以做这个哦！

2 将小黄瓜里面的果肉和籽挖出。

3 胡萝卜、甜椒、西洋芹切碎，备用。

4 将步骤3中切碎的蔬菜末，加上沙拉酱搅拌均匀成馅料，填入挖空的小黄瓜洞内即可。

小朋友
可以做这个哦！

小鱼妈分享

妈妈们可以让小朋友学习如何将小黄瓜中间挖空，并取出果肉，其能学习控制力道；而蔬果切末的动作能锻炼手部肌肉；最棒的是，此料理颜色缤纷、造型也很可爱，连同容器都能一起吃进肚子里哦！

葡萄奶酥

拌面粉及刷蛋汁，

能训练耐性及专注力！

制作时间（分钟）

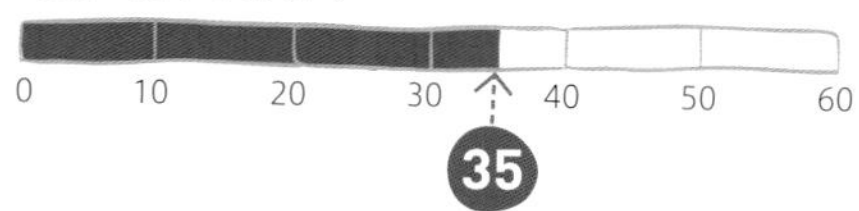

材料

葡萄干……30g
低筋面粉……200g
黄油……80g
糖……50g
蛋黄……3 个

How to cook

1 葡萄干泡水后、沥干，备用；黄油放室温软化，分次加入糖、蛋黄，用电动打蛋器打发。

2 打发的黄油，加入面粉搅拌均匀。

3 面粉中再加入沥干的葡萄干，然后切成数小块。

4 在步骤3上刷上蛋汁。

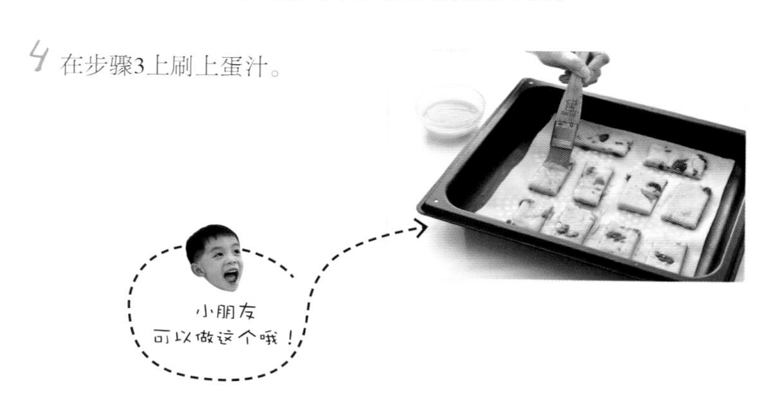

5 烤箱预热到170℃，烤约20分钟即可。

小鱼妈分享

此料理的步骤蛮简单的，不妨让小朋友帮忙搅拌面粉及刷蛋汁，这两个步骤能训练孩子的耐性及专注力；将面团切成小块状的动作，也能训练孩子的抓握能力及对数量和空间的概念。

黑糖糕
妈妈指导、孩子依步骤完成的优质点心！

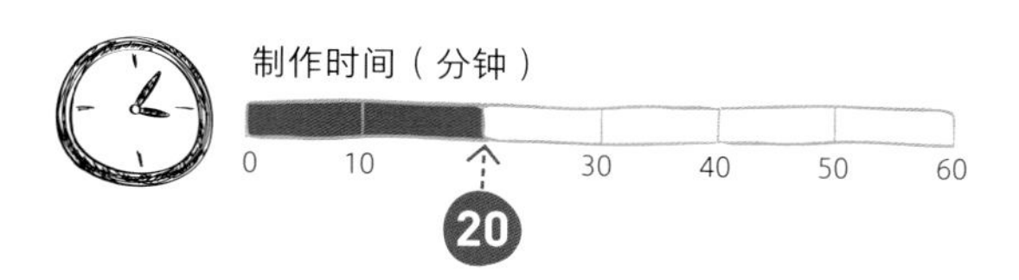

材料

黑糖蜜

黑糖……120g

蜂蜜……20g

水……90ml

面团

中筋面粉……210g

红薯粉……40g

无铝泡打粉……8g

椰子油……15ml

水……200ml

白芝麻……10g

How to cook

1 先制作黑糖蜜，将黑糖与水用慢火煮沸后关火，放入蜂蜜搅拌均匀放凉，备用。

2 将中筋面粉、红薯粉、泡打粉混合过筛后，备用。

3 放凉的黑糖蜜加入200ml水搅拌均匀，加入过筛后的粉拌匀。

4 蒸笼或电锅内锅铺上烘焙纸，再将拌匀的粉浆倒进容器内。

5 放入电锅内蒸（外锅1杯水），跳起后，撒上白芝麻，并请小朋友切成容易入口的大小即可。

小鱼妈分享

黑糖的精制度较低，能保留较多的矿物质及维生素，在推广天然粗食的年代，黑糖正符合这个精神。此食谱除了能让孩子满足甜味需求，也能摄取到营养素，我还加了补钙的好食材——芝麻，非常适合成长发育中的孩子当成甜点食用。此道食谱的做法不复杂，除了步骤1由妈妈执行，其他都能请孩子帮忙，妈妈可在旁指导，当成品上桌、一起享用时，是最幸福的时光哦！

通过有趣的人物，帮助孩子把饭吃完！

相信很多父母都为了孩子不爱吃饭而头痛，我们家也不例外，孩子常常不吃正餐，只想吃零食。我们曾当过孩子，都了解零食的吸引力，但成长期的小孩需要足够的营养才能健康长大，因此，如何让孩子愿意吃正餐，就成了父母的首要课题。

由于我很喜欢三国的人物，耳濡目染之下，小鱼也跟着喜欢三国时代的英雄豪杰，例如关羽、吕布、赵云、刘备、诸葛亮等。每当小鱼不想吃饭时，我就会跟小鱼说："吕布会这么强，就是因为有吃肉肉，赵云会这么猛，就是因为有吃饭，关羽会这么威武，就是因为有吃菜……如果你想与吕布或赵云、关羽一样强壮厉害，就要吃菜菜跟肉肉哦！"

这招果然对孩子很有用，因为孩子都想变身为关羽或赵云等英雄人物，就会很努力地把饭吃下去。

适度给孩子诱因，有助把饭吃光光！

小鱼吃饭时有时会不专心，一吃就是一个多小时，这时必须给他们诱因，才能在一定时间内吃完。我为了帮助小鱼专心吃饭，会用比赛的方式来提高孩子认真吃饭的意愿，像说："谁先吃完饭就是第一名。"好胜心强的小鱼就会努力把饭吃完，当然过程中，爸妈必须适时给予孩子鼓励及提醒，让他细嚼慢咽。

小鱼吃饭时如果忘了要细嚼慢咽，我会说："吃饭时要嚼一嚼再吞，这样菜菜里的吕布、赵云才会跑出来！"

孩子闹情绪不吃饭时，我会以鼓励的方式提醒说："哇！小鱼，吃了这口饭之后长出一点点肌肉了呢（指着小鱼手臂）！"这时小鱼有点心动了，我接着又说："再吃一口看看，应该会长更多哦！"听到这里，小鱼立刻把饭吃光光。

用心找出孩子崇拜的人物或对象

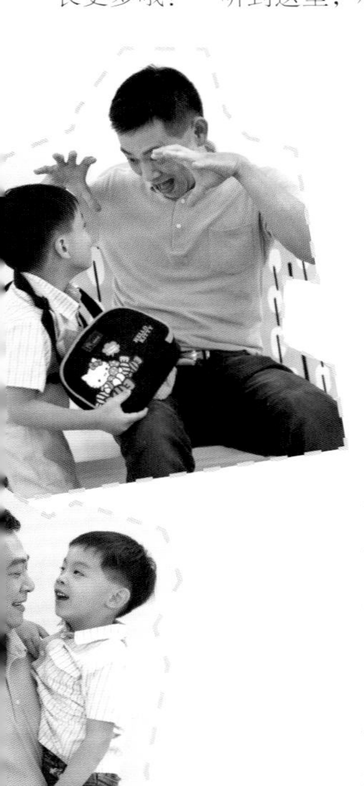

小孩不肯吃药是常让父母头痛的问题，小鱼小时候也不爱吃药（不过，应该没有一个孩子会喜欢吃药吧），但生病时不吃药，病怎么可能好得快，真的很头痛。

后来，我想了一个方法，我告诉小鱼："我们生病是因为有病毒敌人入侵。"一听到敌人，小孩就很有感觉，我接着又说："我们体内要有人可以抵抗敌人，所以我们需要像吕布或赵云一样强的武将帮忙，药药就是吕布跟赵云，把药药吃进体内是让吕布跟赵云进入身体来对抗病毒！"

没想到就因为这样，小鱼真的就开始吃药了，从此，不吃药的问题不再是我们家的困扰。其实，吕布、赵云只是一个象征，只要找出孩子所崇拜或喜欢的对象，可以是变形金刚，也可以是超人或海绵宝宝，只要是孩子认同喜欢的，都可以用这个方法来试试哦！

GooD
IDEA

Enjoy time

好神奇哦！

把讨厌食材变不见的魔术食谱

蔬菜放入蛋糕，
悄悄把菜吃下肚！
紫甘蓝芝士蒸蛋糕

制作时间（分钟）

0 10 20 30 40 50 60

20

材料

低筋面粉……90g
蛋清……2个
紫甘蓝……1/5个
芝士片……2片

调味料

砂糖……35g

How to cook

1 蛋清放室温，用电动打蛋器打发粗泡泡后，加入砂糖继续打发至干性发泡。

2 低筋面粉过筛后，加入打发的蛋白，搅拌均匀成蛋白糊，备用。

3 紫甘蓝洗净，切成碎末，备用。

4 将紫甘蓝加入蛋白糊内，搅拌均匀。

5 将一半蛋白糊倒入5英寸的蛋糕模中，铺上芝士片，再倒入另外一半蛋白糊。

6 在电锅内放入网架，外锅倒入1杯水，再将蛋白糊放入，待蒸熟跳起即可。

Tips | 没有电动打蛋器，怎么办？

我建议经常做菜的妈妈们，可以花点钱买一台电动打蛋器，在许多料理中都会用到。如果真的没有，只能用一般的打蛋器来打，给大家参考咯！

小鱼妈分享

许多小朋友都不爱吃蔬菜，但对于蛋糕却情有独钟，这道食谱将蔬菜放进蛋糕内，可以让孩子不知不觉把蔬菜吃进肚里哦！而且紫甘蓝含有丰富的维生素C、矿物质，对身体很有益处。紫甘蓝好处虽多，但除了放进沙拉里配色，很少有机会上场。有一次刚好剩下一小块紫甘蓝，想说不要浪费，一起放入蛋糕内，没想到有不同的视觉效果，漂亮的天然色素，孩子看了也会比较有食欲。

彩色味噌汤

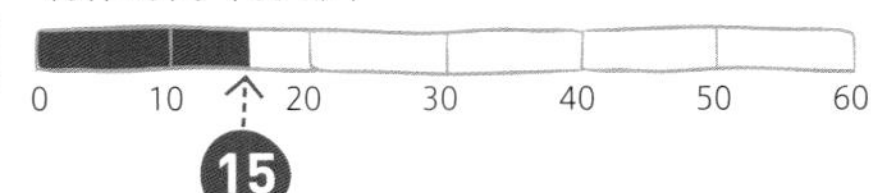

材料

豌豆荚……30g
洋葱……1/2 个
红薯……1 个
胡萝卜……1/4 根
嫩豆腐……1/5 盒
葱花……1 根
高汤……200ml

调味料

味噌……10g

How to cook

1 将豌豆取出，豆荚切碎，备用。

2 洋葱切碎，红薯、嫩豆腐、胡萝卜切丁，备用。

3 将所有材料放入锅中，用中小火熬煮，煮沸后调小火，待萝卜软烂后关火，盖上锅盖焖5分钟。

4 盛入碗中，并撒上葱花就完成了。

这道料理的色彩非常丰富，而且含有多种不同的营养素，像洋葱，对提升孩子的抵抗力很有帮助；味噌微甜的口感，小孩的接受度蛮高的，豆腐又能补充蛋白质；高汤如果换成自己用豆浆机打的豆浆也很棒，可以转变成另一种风味的咸豆浆料理。

蔬菜饭团

卷寿司卷的动作，
能训练专注力！

制作时间（分钟）

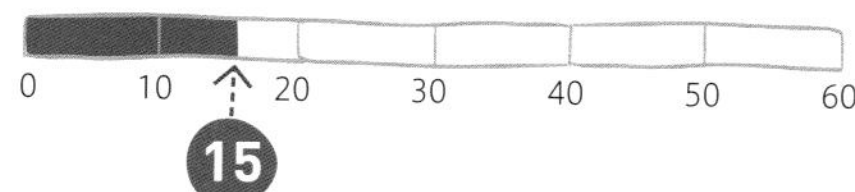

材料

西蓝花……1 小朵
胡萝卜……1/2 根
鸡蛋……1 个
煮熟的白米饭……2 碗

调味料

盐……5g
香油……5ml

How to cook

1 西蓝花、胡萝卜烫熟后，切成细末。

2 蛋打散炒熟后切碎，备用。

3 煮熟的米饭拌入盐、香油，再拌入蔬菜末及碎鸡蛋，放凉备用。

小朋友
可以做这个哦！

4 米饭用保鲜膜包起来，卷成寿司卷，直接食用或切片食用都可以。

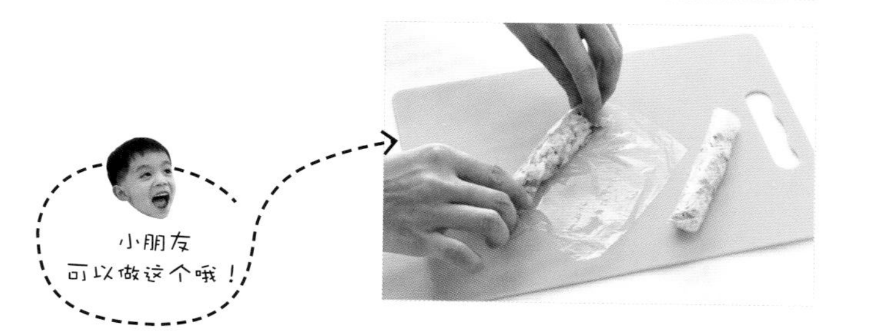

小鱼妈分享

小鱼有时不爱吃饭，我会想办法把食物卷成寿司，小孩的接受度会比吃饭配菜还高，而且随时可以带着走，野餐或到户外都很方便，最重要的是把孩子不爱吃的食物包进去，就能让孩子不知不觉把不爱的蔬菜吃光光。此外，让孩子一起动手做，除了有参与感，还能锻炼小手肌肉。且不需要用炉火，是非常安全、方便的亲子料理入门菜。

黄金蔬菜粥

多种养分融入粥中，

一口一口吃下肚！

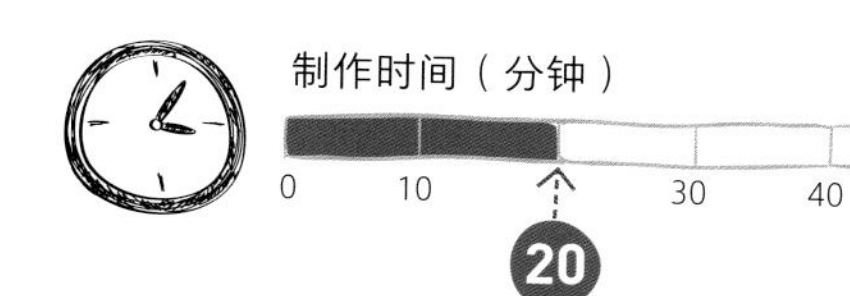

材料

煮熟的白米饭……1 碗
胡萝卜……1/2 根
玉米粒……1/2 碗
干香菇……5 朵
西蓝花……30g
小鱼干高汤……500ml

调味料

盐……5g
香油……3ml

How to cook

1 胡萝卜、西蓝花烫熟后切丁；干香菇泡水，切丝，备用。

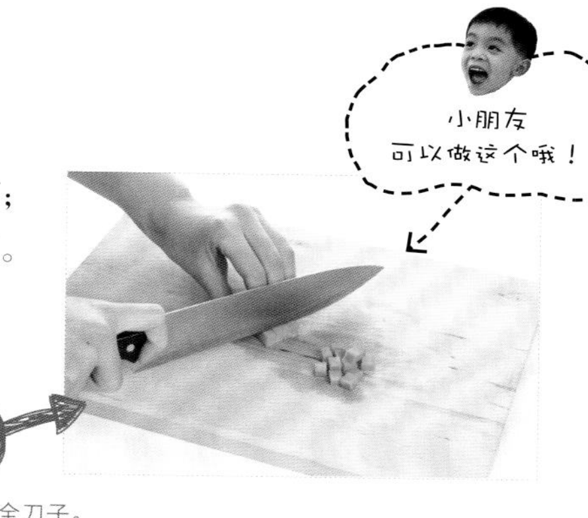

小朋友请用安全刀子。

2 锅中放少许油，将香菇爆香后，加入白米饭稍微拌炒。

3 加入高汤后再放入胡萝卜丁、西蓝花丁、玉米粒，调小火煮约10分钟。

4 煮熟后用香油、盐调味即可。

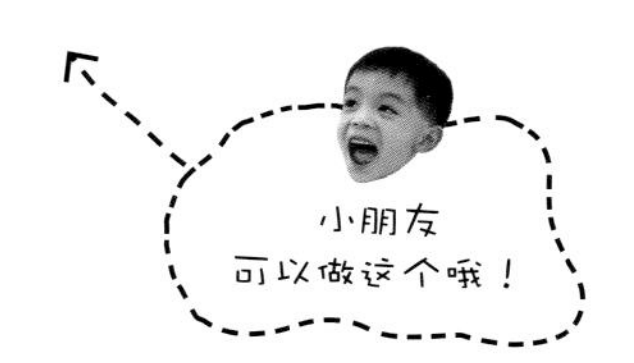

小鱼妈分享

小朋友难免有生病或没胃口、不想吃饭的时候，粥是最方便、快速又容易入口的食物。食谱中有小鱼非常喜欢吃的玉米，当他胃口不好时，我会特意加一些玉米粒，来促进孩子的食欲。但是对妈妈来说，最棒的是能清除没吃完的隔夜饭菜，通常，冰箱有什么，我就加什么进去，轻松让饭菜产生新变化。

香橙酸奶蔬菜冻

挤柠檬的动作，可锻炼手指肌肉！

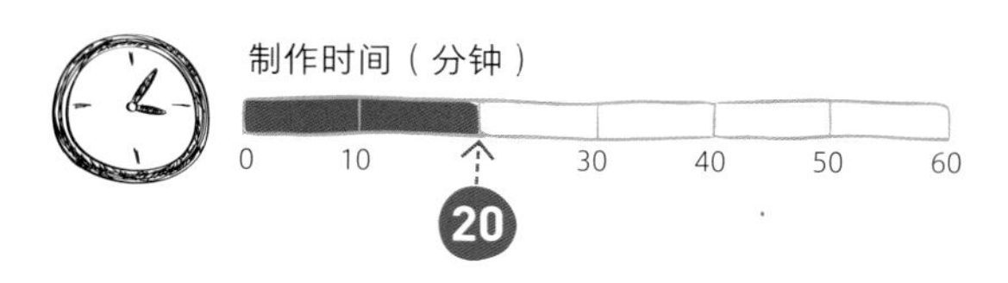

材料

西蓝花……1/5 朵
枸杞……30g
琼脂条……15g
蒸熟的地瓜……1 个
带皮苹果……1/2 个
水……1000ml

调味料

香橙酸奶……200g
柠檬……1/4 个

Tips ｜ **市售酸奶好好用！**

酸奶可以用家里的面包机制作，如果没时间做，便利商店有各种口味的酸奶可选购，小鱼偏爱橘子口味，所以此道食谱我选用香橙酸奶。如果不入菜，也可以单独当点心，方便又好用。

How to cook

1 琼脂条用水泡软；西蓝花洗净，切成小块；枸杞泡水后沥干水分；蒸熟地瓜、苹果切丁，备用。

2 取一口锅，加入水煮沸后，放入西蓝花丁、枸杞、地瓜丁、苹果丁。

3 加入琼脂条，搅拌至其溶解，放凉后，放入冰箱冷藏等待凝固。

4 柠檬挤汁，加入香橙酸奶中，制成橘瓣酸奶酱。

5 橘瓣酸奶酱淋在凝固的蔬菜冻上即可。

小鱼妈分享

不知道妈妈们有没有发现，小孩都抗拒不了果冻的魅力，只要是果冻类的产品都会很开心地吃光光。琼脂条做出来的料理就像果冻，搭配不同颜色的食材，孩子会更有新鲜感，加上香橙酸奶和柠檬，酸酸甜甜，不仅能增进肠胃的蠕动，还能补充维生素C，小朋友不爱吃蔬菜造成便秘的问题也能因此改善。

三色薯泥

马铃薯泥搅拌、捏球动作，可锻炼小肌肉！

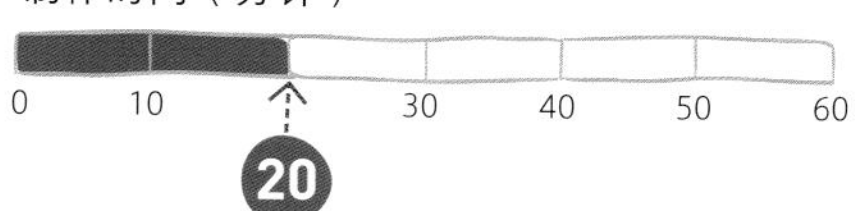

材料

马铃薯……4 个
胡萝卜……1 根
西蓝花……1/4 朵
玉米粒……1/2 罐

调味料

芝士……5 片
盐……3g

How to cook

1 马铃薯去皮，蒸熟，加盐后压成泥，再趁热将芝士片拌入，备用。

2 胡萝卜蒸熟后压成泥，备用。

3 西蓝花烫熟，和玉米粒分别用搅拌棒或果汁机打成泥状，备用。

4 马铃薯泥分成3等份，分别与胡萝卜、西蓝花、玉米粒搅拌均匀，再捏成球状就可以了。

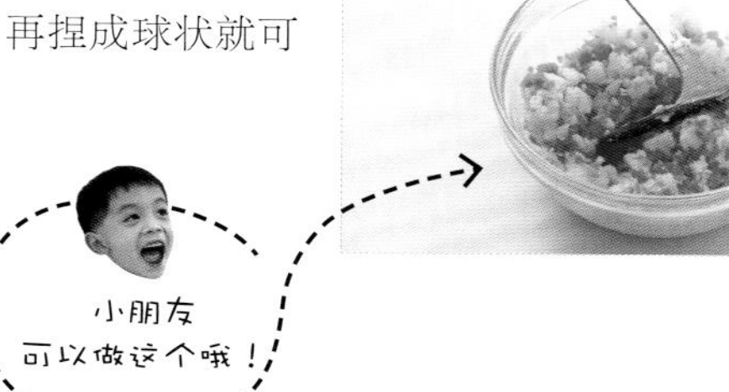

小鱼妈分享

马铃薯蒸熟后，可以请小朋友帮忙拌匀并捏成球状，感觉就像在玩黏土，提高孩子的参与意愿；当然，马铃薯泥搭配西蓝花、胡萝卜及黄色的玉米粒，色彩鲜艳，能当成孩子的点心或天气太热吃不下饭时的替代品，饱腹感也够，也能借机帮助他们认识更多颜色，实际操作的效果真的很好哦！

夏威夷炒饭

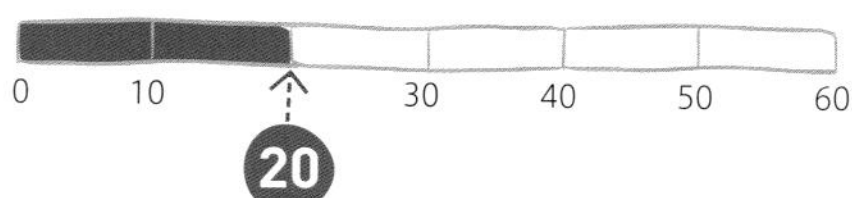

材料

红椒……1 个
黄椒……1 个
菠萝片……4 片
火腿……4 片
肉松……15g
煮熟的白米饭……3 碗
鳄梨油……10ml
三色蔬菜丁……80g

调味料

盐……5g
西红柿酱……5g
酱油……10ml
胡椒粉……1g

How to cook

1 红椒、黄椒去蒂头，对半切；菠萝、火腿切丁，备用。

2 用汤匙把红黄甜椒的籽挖出，备用。

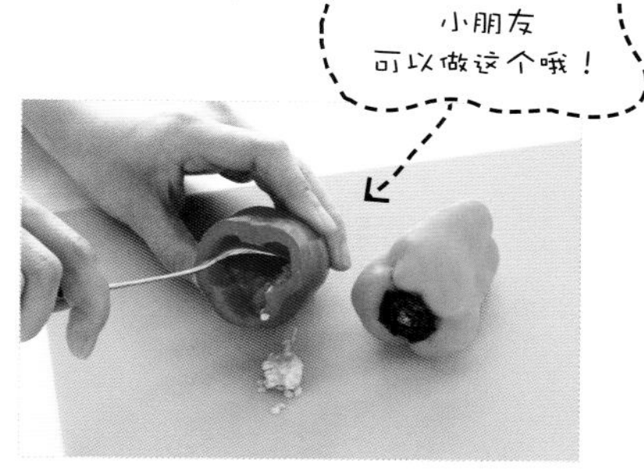

3 鳄梨油起油锅，将三色蔬菜丁拌炒一下，然后加入白米饭、菠萝丁、火腿丁稍微拌炒。

4 接着加入盐、西红柿酱、酱油炒匀后关火。

5 将炒饭盛入准备好的甜椒容器内、撒上肉松即可。

小鱼妈分享

孩子对于甜椒、青椒的味道多少有些抗拒，但小鱼从小就很喜欢青椒、甜椒、胡萝卜这类食物，我想这可能与在他很小时，我就请他帮忙处理食材有关。处理食材时，我会跟小鱼讲食材的故事，让他对食物更有感情，进而喜欢蔬菜水果。此外，此食谱中我加入了菠萝片，酸酸甜甜的口感，入口非常清爽，加上把颜色缤纷的甜椒拿来当容器，孩子也会觉得很有趣！

鸡肉水果沙拉

搅拌动作看似简单，

但孩子都喜欢！

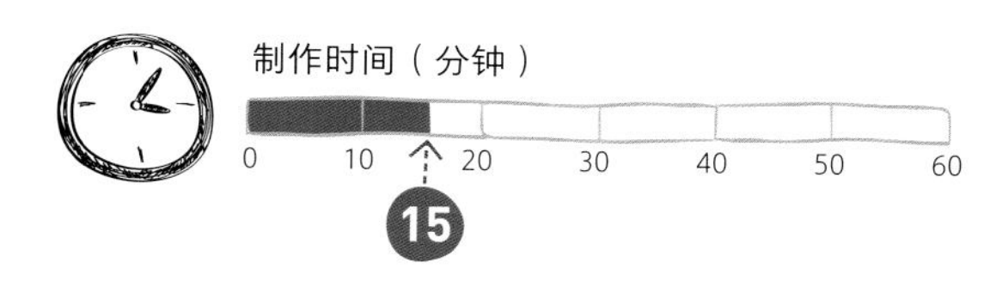

材料

鸡胸肉……1 块
小西红柿……2 个
小黄瓜……1 根
西蓝花……1/4 朵
菠萝片……2 片
胡萝卜……1/2 根
坚果……少许

调味料

酱油……50ml
糖……20g
味淋……30ml
橙子……1 颗
香油……少许
柠檬汁……5ml
苹果……1/2 颗

How to cook

1 橙子榨汁，苹果磨成泥，然后与酱油、糖、味淋、柠檬汁、香油混合做成酱汁。

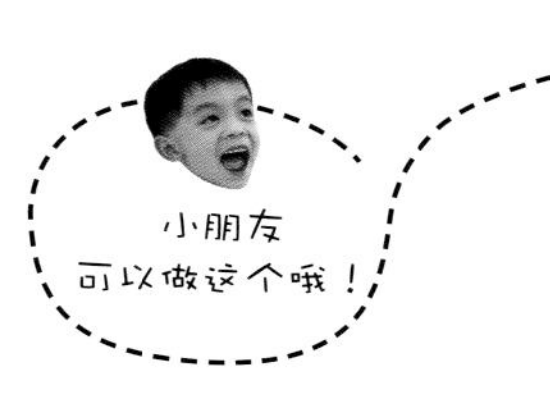

2 将鸡胸肉烫熟，放凉后撕成丝。

3 菠萝片、坚果、小黄瓜、胡萝卜、小西红柿切丁；西蓝花烫熟后切成小小朵，再全部放入大碗中拌匀，淋上酱汁即可。

小朋友
可以做这个哦！

小鱼妈分享

这道料理不但适合小朋友，大人吃也很好，而看似简单的食谱，里头含有多种营养成分，像蛋白质、维生素C等。加上酸甜风味的橙汁和柠檬，非常爽口，很适合夏天食用。妈妈忙着切菜时，可以让孩子帮忙撕鸡肉丝或搅拌沙拉，提高专注力及通过细微动作来锻炼小肌肉，一举数得！

汉堡加入
丰富蔬菜馅料，
小孩最爱吃了！

香松米汉堡

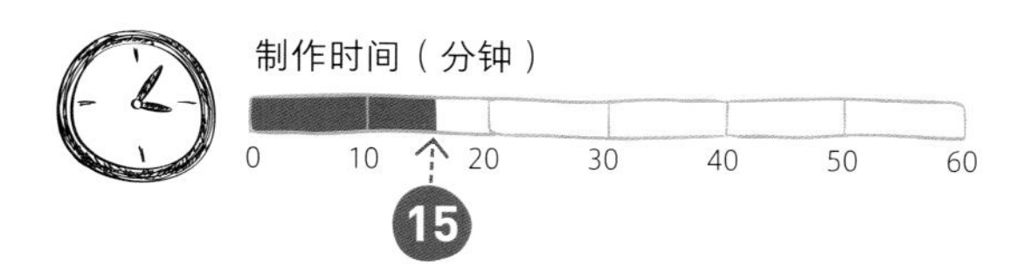

材料

煮熟的白米饭……300g
香松……60g
生菜……2 片
西红柿……1 个
洋葱……1 个
小黄瓜……1 根

调味料

酱油……20ml
味淋……20ml
西红柿酱……少许
沙拉酱……少许
白芝麻……10g

How to cook

1 酱油、味淋搅拌均匀做成饭团蘸酱，生菜切成适当大小，西红柿、洋葱、小黄瓜切片，备用。

2 白米饭加入香松搅拌均匀。

3 香松饭放入荷包蛋圆形模中，以汤匙压扁。

4 饭团放入烤箱，上下火120℃，烤2分钟后取出，在饭团的上下内层挤上沙拉酱。

5 依序放入西红柿、洋葱、小黄瓜，中间挤上西红柿酱，夹层完成后，撒上白芝麻即可。

快餐店对小朋友有不可抗拒的魅力，因为有汉堡可以吃，小鱼每次去都超开心。但身为妈妈一定会担心孩子吃太多汉堡、薯条，对生长发育不好，这时我想到了每天都会吃到的白米饭，如果像某快餐店，将米饭做成汉堡，孩子应该会很喜欢，而且米汉堡也蛮容易制作的。让孩子“换个形式吃饭”，有吃快餐汉堡的感觉，又能吃进正餐的养分，野餐时也方便，真的很不错。

孩子不想吃饭时，

就来碗增加抵抗力的汤！

黄油洋葱汤

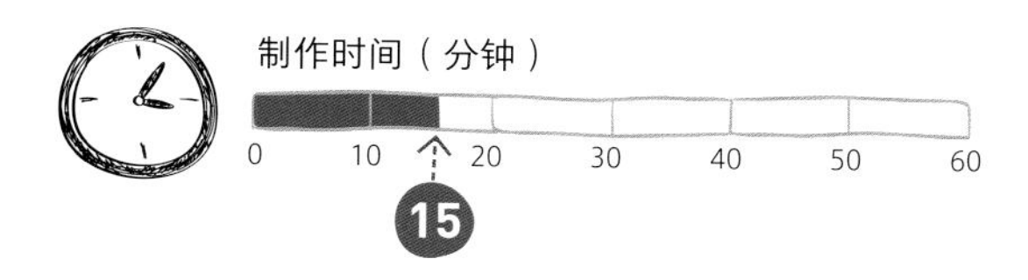

材料

高汤……500ml
洋葱……1 个
无盐发酵黄油……30g
面粉……15g
大蒜……4 瓣
吐司……1 片

调味料

月桂叶……1 片
意式香料……少许

How to cook

1 锅内加入黄油，将洋葱切丝，入锅拌炒至呈金黄色。

2 加入切碎的大蒜、面粉拌炒均匀。

3 加入月桂叶及高汤，用小火煮至洋葱软烂。

4 将吐司切丁，然后用烤箱烤至焦黄。

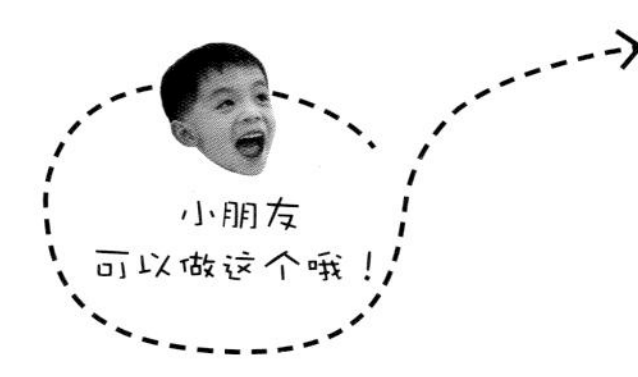

5 洋葱汤煮好后，将月桂叶捞起，放上烤好的吐司丁，再撒点意式香料即可。

洋葱是很棒的食材。孩子在季节变化时很容易生病，吃洋葱和大蒜能够增强抵抗力，但蒜头或洋葱的味道较呛，较不受小孩欢迎，这时若搭配黄油，其香浓气味，能盖过蒜头的呛辣，而洋葱煮烂后所释放出的甜味，小朋友接受度较高，我平常会煮这道汤品给小鱼喝，非常棒哦！

蘑菇鲜蔬粥
好吃的菇菇粥
含有丰富的多糖体哦！

制作时间（分钟）

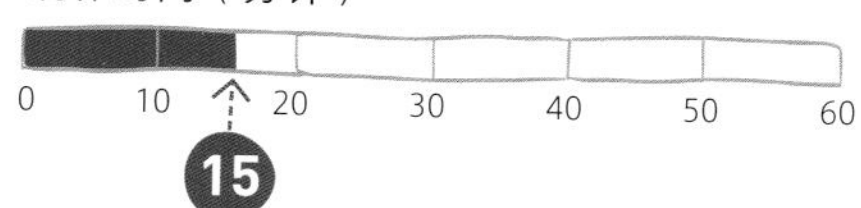

材料

胡萝卜……1/2 根
干香菇……5 朵
白蘑菇……5 朵
芹菜末……适量
白米饭……1 碗
水……4 碗

调味料

香油……5ml
盐……3g

How to cook

1 将干香菇泡软，切丝，放入锅中爆香。

2 爆香的香菇，加入白米饭及水炖煮。

3 胡萝卜、白蘑菇切碎，放到 有白米饭的锅里边煮边搅拌。

4 米饭软烂后，加入盐、香油及芹菜末即可。

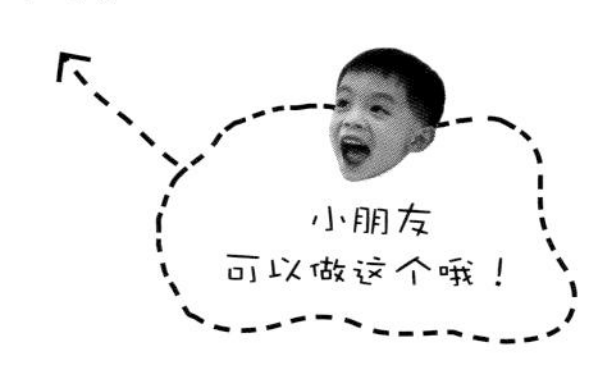

茹类的营养价值高，被视为蔬菜中的牛排，它含有高蛋白。不爱吃肉的孩子，可以多吃菇类料理。此道食谱中有两种菇类，可以边做边让孩子认识多种食材；而且蘑菇含有植物性纤维素，可以预防便秘，让孩子嗯嗯更顺畅！

蔬菜芝士烘蛋
蛋中加入多种蔬菜，
孩子一定喜欢！

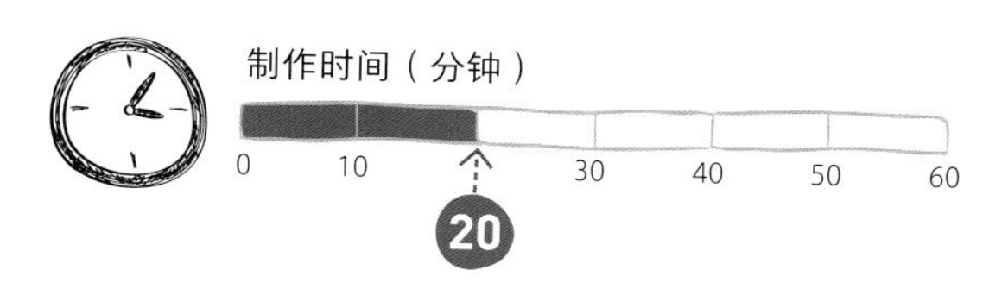

材料

洋葱……2 个
鸡蛋……6 个
西蓝花……1/4 朵
海鲜菇……1 小把
胡萝卜……1/2 根
比萨用芝士丝……120g

调味料

鲜奶油……120g
无盐黄油……15g
盐……5g
白胡椒粉……少许

How to cook

1 洋葱切丝，西蓝花、海鲜菇、胡萝卜稍微烫熟后切碎，备用。

2 起油锅放入无盐黄油，将洋葱拌炒至金黄色，盛起备用。

3 鸡蛋打散，加入西蓝花、海鲜菇、胡萝卜搅拌均匀。

4 加入鲜奶油、盐、白胡椒粉拌匀后，放入容器中进烤箱以160℃，烤约10分钟。

5 取出撒上芝士丝。

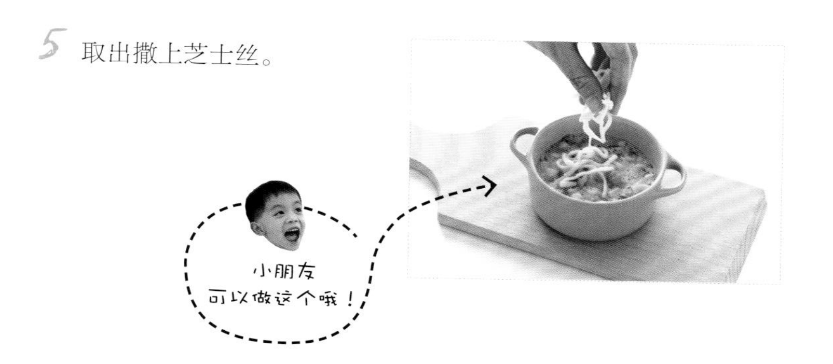

6 再进烤箱烤至芝士丝融化，变焦黄即可。

小鱼妈分享

小鱼很喜欢比萨的口感，因为里头有香浓、会牵丝的芝士丝，所以，我就变换一下做法，将主食材换成营养较高的鸡蛋，变成烤的茶碗蒸。果然，小朋友的接受度很高，一下子就吃光光。因为芝士烤过后香味四溢，会促进食欲，里头的食材也可以换成含较多纤维的蔬菜，不知不觉所有的营养就都吃下肚了。做此料理时，我会特别请小鱼在碗中撒上芝士丝，让他参与料理制作的过程，虽然他做的事情不难，但对孩子来说，也很有成就感哦！

加入丰富馅料的浓汤，
是孩子的最爱！
玉米浓汤

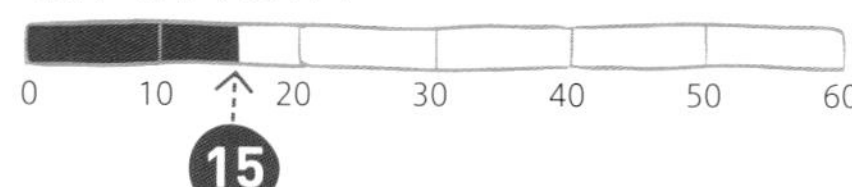

材料

鸡肉……30g
玉米粒……1/2 罐
胡萝卜……1/2 根
马铃薯泥……1 个
火腿片……2 片
鸡蛋……1 个
中筋面粉……20g

调味料

橄榄油……10ml
高汤……500ml
盐……5g

How to cook

1 将鸡肉烫熟、切小丁，胡萝卜烫熟、切小丁，火腿切小丁，备用。

2 橄榄油倒入锅中，开小火，加入面粉拌炒。

3 炒过的面粉用小火继续加热，加入高汤、所有切丁食材及马铃薯泥煮3～5分钟。

4 拿一个碗，将蛋打入碗中，用搅拌器打散。

小朋友可以做这个哦！

5 步骤3淋上打散的蛋汁，再用盐调味即可。

小鱼妈分享

玉米浓汤是孩子的最爱，不过一般玉米浓汤都是用面粉或粉泡出来的，对于正在成长发育中的小朋友来说，能提供的养分有限。但玉米浓汤的做法其实很简单，忙碌的妈妈也能在家轻松做，过程中你可以加入绿色蔬菜、胡萝卜让颜色更加丰富与鲜艳，孩子喜欢的玉米也可以多放一些，保证他们一定乖乖全部喝光光。只要是有关鸡蛋的料理，且需要打散蛋时，我都会请小鱼帮忙，孩子真的很喜欢打鸡蛋，看似简单的动作也能让他们玩得很开心！

青豆浓汤

多种蔬菜打成泥状，
丰富营养融入汤中！

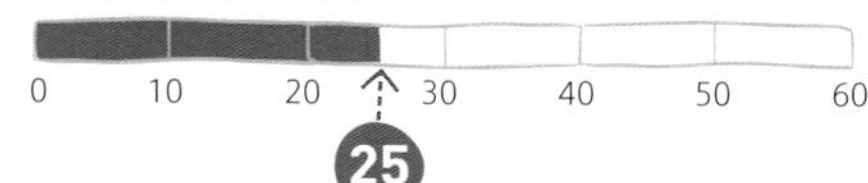

材料

青豆……100g
马铃薯……1 个
洋葱……1/2 个
西洋芹……1 小段
黄油……15g
高汤……500ml

调味料

鲜奶油……10ml
盐……5g

How to cook

1 青豆用热水烫熟后放凉，洋葱、西洋芹切小块，备用。

小朋友
可以做这个哦！

2 马铃薯去皮后，蒸熟捣成泥，备用。

3 黄油放入锅中，将洋葱、西洋芹炒香，放凉。

4 将青豆、马铃薯、洋葱、西洋芹用搅拌棒或果汁机加高汤打成泥状，倒入锅中。

5 打成泥的青豆浓汤用小火煮15～20分钟，加入盐、鲜奶油调味即可。

小鱼妈分享

青豆含有多种营养成分，对于骨骼健康有非常大的益处，很适合成长中的孩子。尤其青豆打成泥状后呈漂亮的翠绿色，视觉效果很好，搭配甜甜的洋葱及马铃薯能让肚子有饱腹感。马铃薯蒸熟要捣成泥时，我就会呼唤小鱼，请他来协助妈妈，看着他专注认真压马铃薯泥的样子，真的很可爱。

蔬菜牛肉丸

蔬菜切末和入肉丸中，孩子一定吃光光！

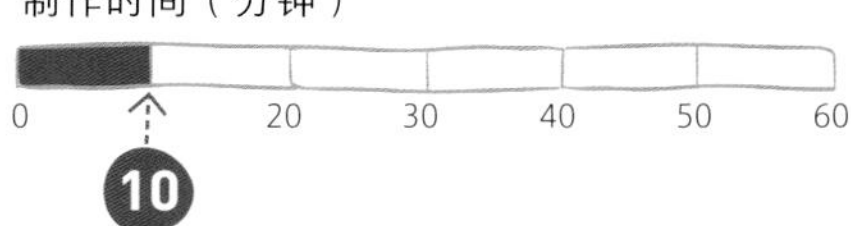

材料

上海青……5 株
胡萝卜……1/2 根
玉米粒……1 大匙
牛绞肉……200g
姜……少许
蛋清……1 个
马铃薯淀粉……30g

调味料

盐……5g
糖……10g
胡椒粉……少许
香油……3ml

How to cook

1 上海青、胡萝卜切末，姜用磨泥板磨成泥，备用。

小朋友
可以做这个哦！

2 牛绞肉用盐拌匀后，加入姜泥、糖、胡椒粉、香油拌匀。

3 调味后的牛绞肉，拌入马铃薯淀粉、蛋清，再加入青菜末、胡萝卜、玉米粒拌匀。

4 将牛肉用手挤成丸子状，放入滚水中煮约5分钟即可。

小鱼妈分享

小鱼很喜欢玩黏土，捏丸子就像在玩泥巴或黏土一般，能锻炼孩子手指的小肌肉；通过参与料理的制作过程，不爱吃肉的小鱼会因为是自己捏的丸子而愿意吃。因此这是一道好玩、颜色又漂亮的健康料理。

蔬果葡萄

发挥想象力，
用蔬果球组合出葡萄！

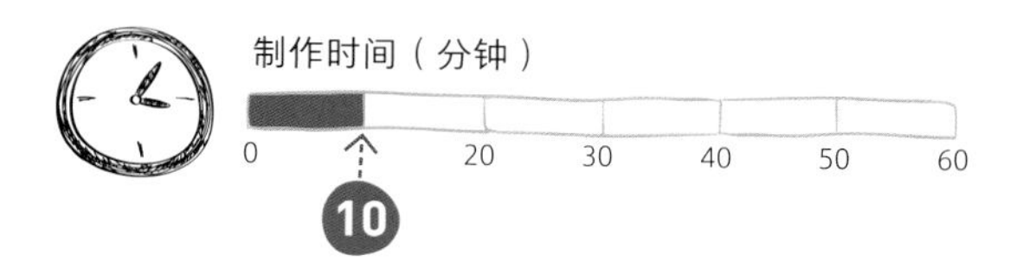

材料

胡萝卜……1 根
白萝卜……1 根
马铃薯……1 个
苹果……1 个
甜菜根……1 个
芹菜叶……1 小株
冷开水……200ml

调味料

砂糖……100g

How to cook

1 胡萝卜、白萝卜、马铃薯蒸熟，苹果去皮后泡盐水，备用。

2 甜菜根去皮，加冷开水与砂糖一起放入果汁机内打成汁，备用。

3 用挖球器将所有食材挖成球状，摆成葡萄的形状，放上芹菜叶。

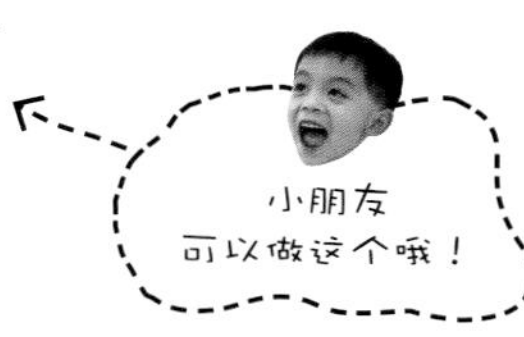

4 最后淋上甜菜根汁即可。

小鱼妈分享

小孩子很看重视觉效果，挖好所有的蔬果后，妈妈们可以请小朋友发挥想象力，想象一下葡萄的样子，然后试着把蔬果球摆成葡萄的形状，最后淋上与葡萄颜色相近的甜菜根汁，好玩又好吃。如果过程中孩子想摆其他形状也不用阻止，就让他们随意发挥创意吧，排列组合的游戏，真的好玩又有趣！

隔夜吐司变化出蔬菜卷，
让孩子更珍惜食物！
黄金蔬菜卷

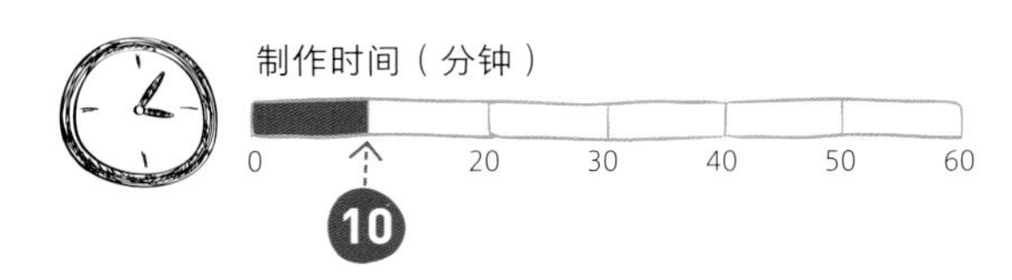

材料

香菇……5 朵
玉米粒……1/2 罐
芹菜……2 株
西蓝花……1/4 朵
隔夜吐司……8 片
芝士片……2 片

调味料

马铃薯淀粉……20g
奶油……15g
盐……5g

How to cook

1 香菇、西蓝花切丁，芹菜切末，备用。

2 起油锅爆香香菇，加入玉米、芹菜、西蓝花、奶油，再用盐调味，马铃薯淀粉加水勾芡，倒入锅中搅拌至黏稠，制成蔬菜糊。

3 吐司去边，用擀面棍擀薄。

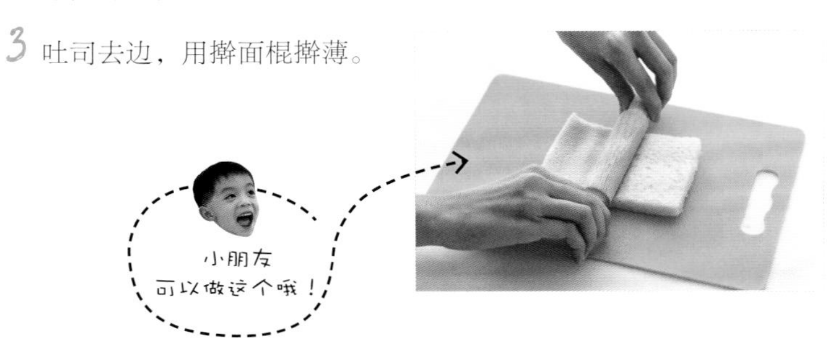

4 将蔬菜面糊放在吐司中间，再放入1/4片芝士片。

5 蘸水固定吐司四边，然后用中小火油锅炸至表面金黄即可。

利用吐司做成蔬菜卷，能让隔夜吐司产生新的变化。本着不浪费食材的原则，给孩子传递惜物爱物的正确观念。建议使用空气炸锅，因为能减少油脂的摄取。没有的话，油炸时记得要选择耐高温的油，像椰子油、花生油、猪油、苦茶油等都属于耐高温油脂。

香葱花椰盖饭
胡萝卜和西蓝花打碎入饭，蔬菜全部吃下肚！

制作时间（分钟）

0 10 20 30 40 50 60

20

材料

白米……1 杯
胡萝卜……1/2 根
西蓝花……1/4 朵

调味料

酱油……15ml
香葱酱……10g

Tips | 没有搅拌棒，能用其他器具代替吗？

有搅拌棒当然最好，因为它省时、省力。但没有的话，可以用菜刀切碎西蓝花及胡萝卜。

How to cook

1 白米淘净；胡萝卜洗净去皮后，用搅拌棒打成末或切成碎末，备用。

2 内锅加1杯水，放入白米与胡萝卜末，置于电锅内煮至跳起。

3 西蓝花烫熟后，用搅拌棒打成碎末。

4 煮熟的胡萝卜饭，加入西蓝花末搅拌均匀。

小朋友
可以做这个哦！

5 最后再加上酱油、香葱酱调味即可。

小鱼妈分享

我平时除了照顾两个小孩，还有一堆事情要忙，为了能快速完成所有事，我会寻找一些方法帮助自己短时间内处理完孩子的餐点，而这道料理就是我为自己和所有忙碌的妈妈设计的。有一次在上海餐馆，吃到了这道菜，我把它改良一下，加入颜色丰富的胡萝卜与西蓝花，搭配传统香葱酱，香味四溢，光闻就让人口水直流，大人小孩都很喜欢哦！

香橙山药布丁

小朋友最喜欢果冻了，
加入山药丁更健康哦！

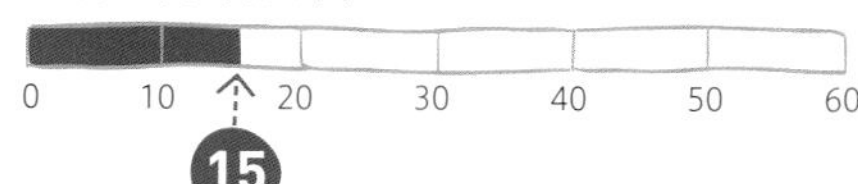

材料

山药……100g
橙汁……450ml
鲜奶油……100g
吉利丁片……3片

调味料

砂糖……100g

How to cook

1 吉利丁用冷水泡软；山药切丁，用滚水烫熟后放凉，备用。

2 将鲜奶油用电动打蛋器打发后，放入挤花袋内，备用。

3 橙汁放入锅中，加入砂糖，煮至砂糖溶解后加入山药丁，关火。

4 加入吉利丁片搅拌，使其溶化成为布丁液后，倒入透明的杯子内（约2/3的量）。

5 布丁液上面加入打发的鲜奶油，放入冰箱冷藏至凝固即可。

小鱼妈分享

果冻和布丁是小朋友很爱的甜点之一，为了让孩子能吃进更多养分，我制作布丁时加入了天然食材，如山药和橙汁，山药含有丰富的水溶性纤维及多种氨基酸，且含有植物蛋白质，营养价值很高。在布丁液上加入鲜奶油的动作交给孩子来处理，不能让鲜奶油超出容器，这看似简单，却能有效训练孩子的专注力。

甜甜的南瓜和苹果，

加上酸奶真好吃！

南瓜苹果沙拉

制作时间（分钟）

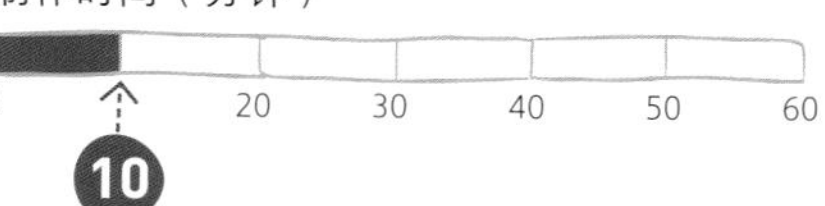

材料

南瓜……1/2 个
苹果……1/2 个
果干……30g
黑白芝麻……10g

调味料

酸奶……1 杯
橄榄油……5ml
蜂蜜……5ml

How to cook

1 将南瓜带皮整块蒸熟后切片，苹果切片后泡盐水，备用。

2 果干用擀面棍压碎，备用。

3 酸奶、橄榄油、蜂蜜搅拌后，备用。

4 将南瓜片、苹果片、果干放入大碗中搅拌均匀，最后淋上酸奶酱、撒上芝麻就完成了。

南瓜是非常有营养的食材，可以的话，我都会把南瓜入菜，比如做成南瓜浓汤等。因为小鱼的高雄阿嬷种了南瓜，每当收成时常寄给我们，有时太多吃不完，我就想办法把南瓜做成不同的料理，希望能给孩子耳目一新的感觉。

A
CB
GOOD
IDEA

Enjoy time

过敏儿也能开心吃！
无麸质轻料理

无麦麸松饼
融合了香蕉与玄米粉的松饼，
美味又健康！

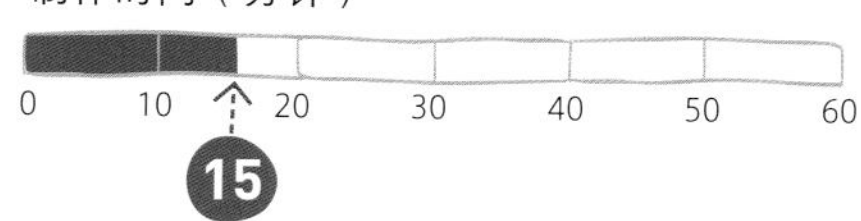

材料

熟香蕉……2根
鸡蛋……1个
玄米粉……60g
牛奶……150ml

调味料

黄油……20g

How to cook

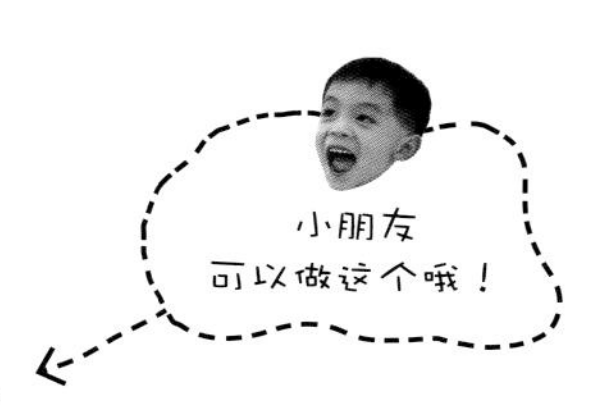

1. 香蕉捣成泥，备用。
2. 鸡蛋、玄米粉加入香蕉搅拌均匀成面糊。
3. 平底锅放入黄油融化，加入1汤匙的面糊至平底锅内，两面煎至焦黄即可。

小鱼妈分享

孩子的活动量大，像小鱼放学回家后就常喊肚子饿。但距离吃正餐还有一段时间，又不想让他吃太多零食，所以我用玄米粉搭配香蕉泥制成松饼，香气十足，饱腹感也够，而把香蕉捣成泥和搅拌成面糊，就让孩子来做吧，松饼完成后，他们也会很有成就感哦！

搓圆面团的步骤，
就让孩子来做吧！
无麸质米面包

材料

无麦麸面粉……220g
玄米粉……80g
盐……4g
糖……20g
发酵黄油……20g
酵母粉……4g
水……190ml

How to cook

1 将所有材料混合后，盖上保鲜膜静置30分钟。

2 面团分割成数小团，搓圆面团，盖上保鲜膜，发酵至两倍大。

3 发酵好的面团上面，用刀子划一道口。

4 放入黄油片，然后进烤箱，烤箱预热180℃，烤15分钟调头，再烤10分钟即可。

Tips | 无麦麸面粉哪里买？

小鱼是个对面粉过敏的孩子，这点让我非常伤脑筋，因为许多食物都含有面粉成分，无麦麸的食物不多，市面上也很难买到无麦麸面粉。我苦寻无麦麸面粉，最后只能从国外网站订购，但价格高、保存不易就算了，制作出的成品口感孩子也不爱。我好不容易找到了台湾面粉大厂，要合作研发适合我们的无麦麸面粉，配方正在积极测试中，大家敬请期待咯！

搅拌及整形面团的工作，

就交给宝贝来做吧！

无麸质芝麻薄饼

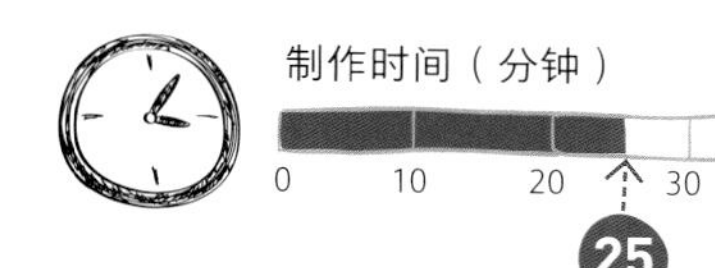

制作时间（分钟）

0 10 20 30 40 50 60

25

材料

玄米粉……60g
鸡蛋……1 个
砂糖……35g
盐……3g
黑芝麻……20g

How to cook

1 将所有材料搅拌均匀，整成圆柱状。

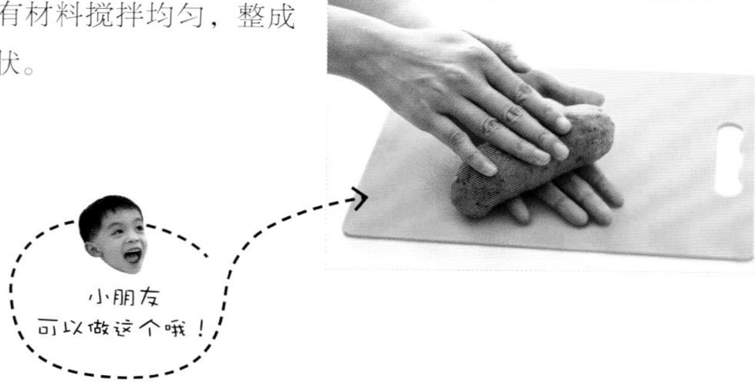

2 放入冰箱冰镇约30分钟，取出切成薄片后捏平。

3 将烤箱预热170℃，将步骤2中的东西放入烤箱烤约15分钟即可。

Tips | 玄米粉哪里买？

玄米粉各大有机店皆有售，也可以买糙米回来，用研磨机打成粉！

钙是人体所需的重要营养成分之一，但人体对钙的吸收能力有限，加上容易经由汗水、尿液流失，所以适度的补充是有必要的。香气十足的芝麻是最天然的补钙食材，加进玄米粉里，保证让孩子一口接一口，开心吃不停。

西红柿挖空、塞葡萄，
训练宝贝的专注力！
西红柿水果盅

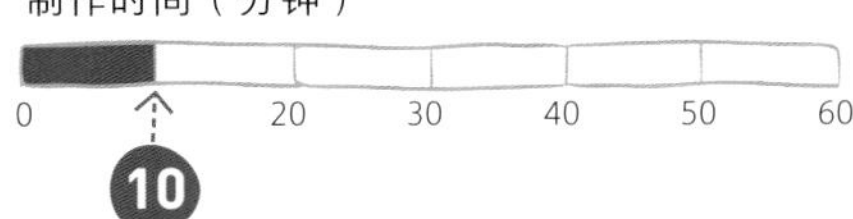

材料

西红柿……3 个
橙汁……200ml
葡萄……30 颗
蜂蜜……15g

How to cook

1 西红柿洗净、头切掉，将果肉挖出当容器使用。

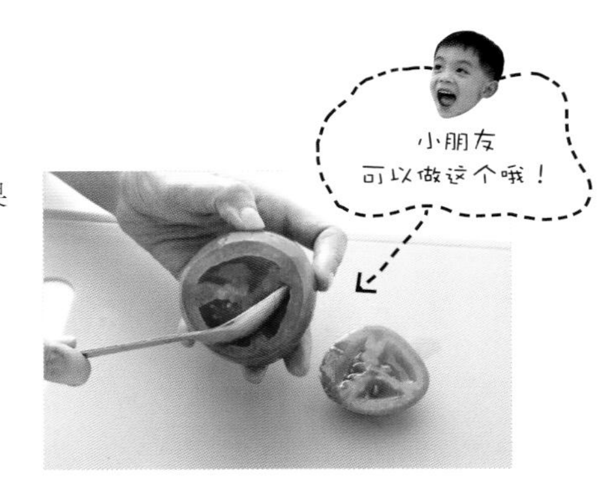

2 将西红柿的边缘，用剪刀剪成三角形状。

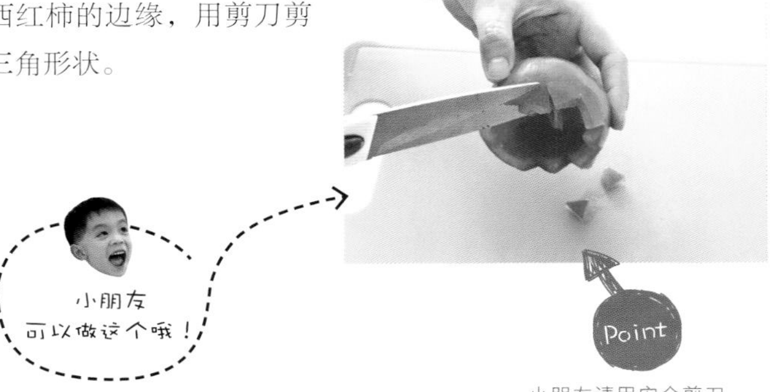

小朋友请用安全剪刀。

3 葡萄去皮、籽，放入西红柿盅内。

4 西红柿果肉、橙汁用果汁机打碎、混和，然后倒入西红柿盅内、淋上蜂蜜即可。

小鱼妈分享

西红柿除了直接食用，也可以拿来当容器。只要用剪刀剪出简单的造型，就很可爱、讨喜，小朋友一定很喜欢！把西红柿挖空和把葡萄塞入西红柿容器内的动作很简单，你可以请孩子帮忙，一起完成，不仅能训练他们的专注度，也能发挥其创造力。此道食谱因为淋上了橙汁，风味独特，能让不爱吃水果的孩子把水果吃光光。除了橙汁，你也可以使用当季水果来替代，刺激味觉。

椰汁红豆糕

好吃的红豆甜点，动手做会更有成就感！

材料

红豆……1 杯（量米杯）
椰浆……200ml
琼脂条……10g
糖……40g
炼乳……50ml

How to cook

1 红豆洗净后入内锅，加入3杯水，浸泡5小时，备用。

2 红豆连水放入电锅内，外锅1杯水煮熟。

3 将琼脂条放入冷水中泡软，备用。

4 把红豆与红豆水分开，红豆放入保鲜盒内，备用。

小朋友可以做这个哦！

5 红豆水与椰浆、琼脂条放入锅中，煮至琼脂条融化后加入糖调味。

6 将其倒入保鲜盒内放凉，放入冰箱冷藏约4小时，食用时淋上炼乳即可。

小鱼妈分享

红豆含有丰富的铁，对于成长中的孩子有许多益处，能强化体力、增强抵抗力，作为下课后的点心或饭后甜点，非常棒！有些孩子不喜欢椰奶的味道，可以将椰奶改成牛奶或豆浆。

心太软
揉面团、塞入红枣的工作，
请交给孩子完成吧！

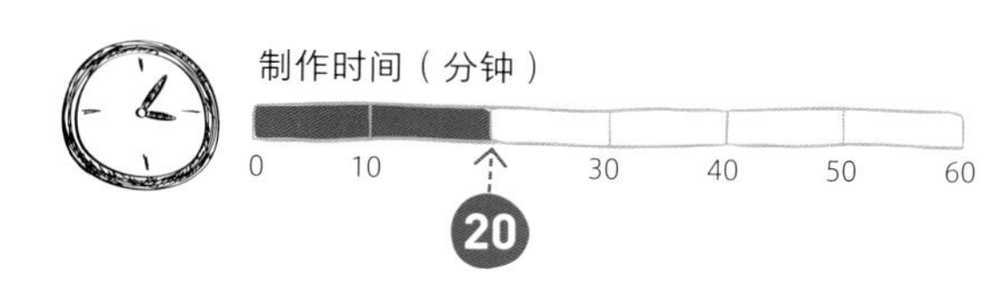

材料

红枣……20 颗
糯米粉……50g
砂糖……40g
水……20ml
热水……100ml

How to cook

1 将红枣用温水泡软，把红枣划一刀，去除里面的核，备用。

2 糯米粉加水揉成面团，再分成与红枣大小般的小团。

3 将面团塞入红枣的缝内，然后放入电锅内蒸熟，外锅1杯水。

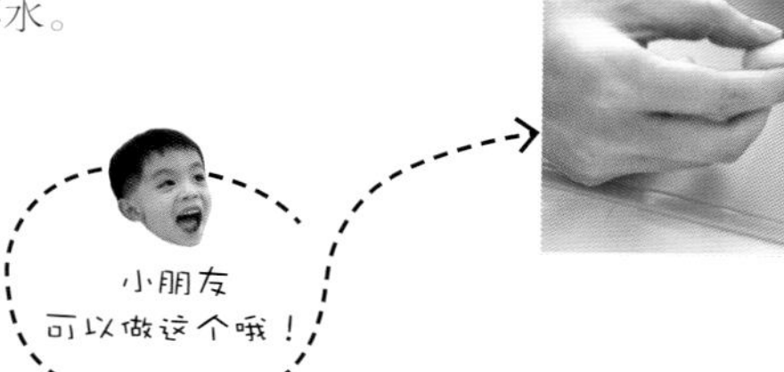

4 砂糖放入热水中搅拌均匀，将蒸熟的红枣放入糖水内，用小火煮约15分钟，入味后取出放凉即可。

这道是上海知名的甜点，我会做。主要是想让孩子一起玩。揉面团、塞入红枣内的步骤简单，让孩子亲自操作，可提高他们的成就感，而且做出来的成品很像一个嘴巴在开口笑，好吃又好玩！

牛奶糖酥饼

酥皮包牛奶糖，
能训练孩子的想象力
与专注度！

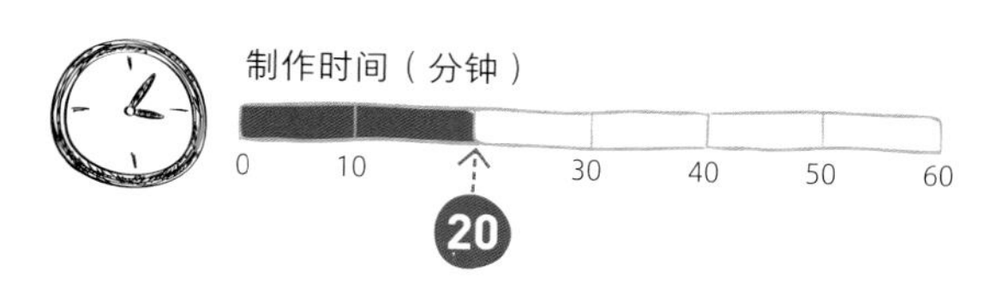

材料

牛奶糖……4 颗
冷冻酥皮……1 张
鸡蛋……1 个

How to cook

1 将冷冻酥皮分为4等份，将牛奶糖放在酥皮中间。

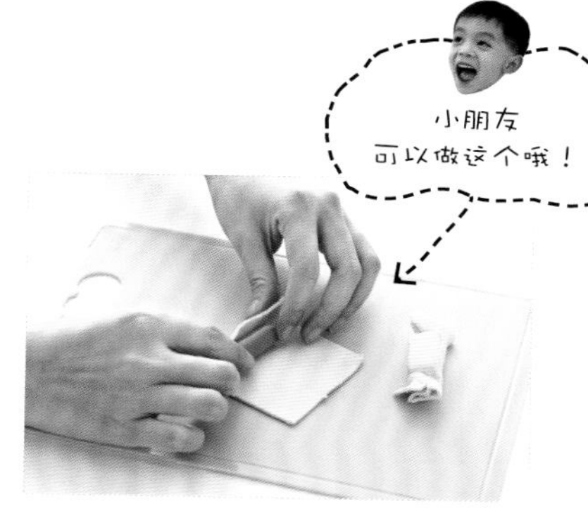

2 用酥皮将牛奶糖包覆起来。

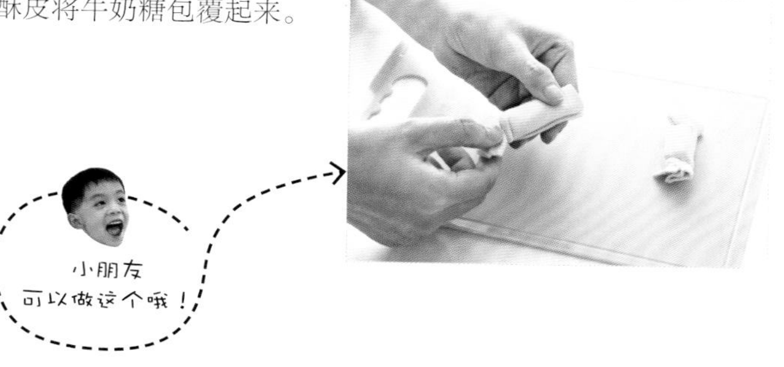

3 外头均匀刷上蛋液。

4 将其放入烤箱，烤箱预热180℃，烤约15分钟即可。

牛奶糖是小鱼阿嬷很爱的小零嘴，我每次想念妈妈的时候都会去超市买包牛奶糖来吃，就会觉得好像回到高雄一样。其实我不让孩子吃太多的糖，有一次家里牛奶糖太多，刚好冰箱有冷冻酥皮，我就突发奇想，干脆两个包起来烤一烤好了，没想到别有一番风味，香香酥酥甜甜的，连小鱼爸都喜欢呢！

杏仁蛋白饼

把蛋白糊挤出不同的花样，
超有趣的！

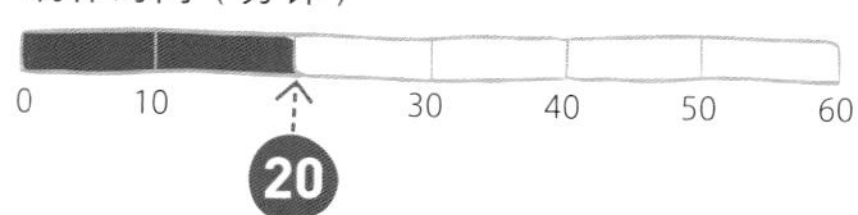

材料

蛋清…… 3个鸡蛋的量
糖……40g
杏仁粉……130g

How to cook

1 将蛋清加糖，用打蛋器打发至干性发泡。

2 杏仁粉与打发的蛋白霜轻轻搅拌均匀，成为蛋白糊。

3 将蛋白糊装入挤花袋内或干净的塑料袋内。

4 烤箱预热180℃并在烤盘上铺上烘焙纸，在烘焙纸上挤出喜欢的图案，放入烤箱，烤约15分钟上色即可。

小鱼妈分享

这道点心主要是为了让不能吃面粉的人也能享受饼干的口感。妈妈们可以用杏仁粉替代面粉，蛋白硬脆的口感非常适合做成点心哦！你可以请小朋友把蛋白糊装入挤花袋内，然后挤出图中的形状，或是指定孩子做出其他可爱的造型，如花朵、叶子等。

花生紫米糊

洗糯米与紫米的简单步骤，

就交给孩子吧！

制作时间（分钟）

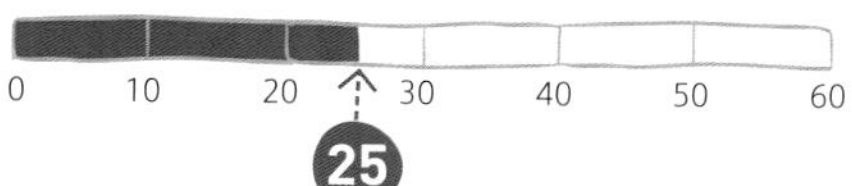

材料

圆糯米……30g
紫米……30g
熟花生……30g
水……800ml

How to cook

1 糯米、紫米洗净，备用。

2 将材料全部倒入豆浆机内，打成糊状即可。

Tips | 没有豆浆机，有其他替代器具吗？

如果没有豆浆机也没关系，可以将糯米、紫米用电锅煮熟后，将材料全部进果汁机内打匀。

小鱼妈分享

紫米糊是针对不爱吃饭的孩子设计的，小孩很喜欢能“喝”的食物，紫米糊能轻松补充养分及增加饱腹感。太小的孩子如果容易对花生过敏，可以用核桃或其他坚果替代。我如果很忙碌、没空吃饭或错过正餐时间时，也会饮用这道饮品来补充体力，所以说，这道饮品实在是老少咸宜！洗糯米与紫米可以请孩子帮忙。

鸡蛋葱花米饼
让孩子跟妈妈一起打蛋、给饭团整形吧！

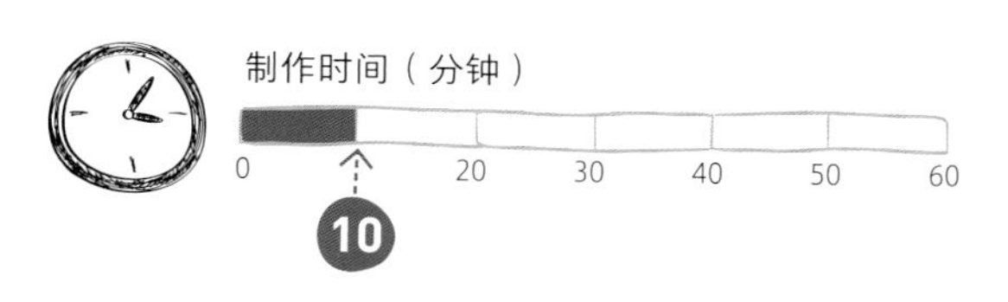

材料

白米饭……1 碗
鸡蛋……1 个
葱……1 小根
黑芝麻……5g
黄油……10g
马铃薯淀粉（或红薯粉）……30g
盐……3g

How to cook

1 鸡蛋打散（留一点点刷表面用）；葱洗净，切末，备用。

2 将白米饭与打散的蛋液、盐、葱末、黑芝麻、马铃薯淀粉（红薯粉）搅拌均匀，然后整成扁圆形。

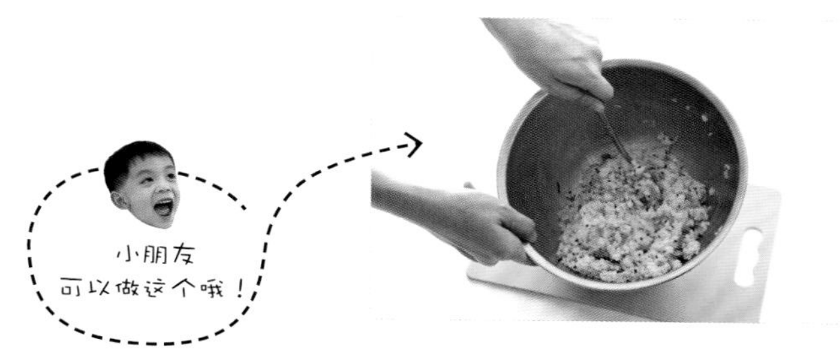

3 黄油放入平底锅融化，将米饭放入锅中煎至两面金黄即可。

此道食谱是让家里的剩饭大变身的好方法，因为里头有鸡蛋、芝麻，能当作正餐或点心。每次做这道料理，我都会拉着孩子一起做，请他帮妈妈搅拌食材，边做边玩，打蛋、给饭团整形，小鱼都做得很认真，真的很有趣。

PEN
GOOD
IDEA

Enjoy time

一起发挥想象力！
超有创意的节庆料理

元宵节
滚红豆元宵
让孩子了解元宵节的由来
及元宵、汤圆的区别！

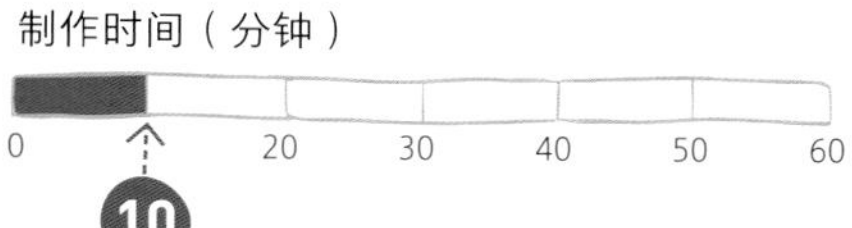

材料

市售蜜红豆……200g
糯米粉……200g
冷开水……150ml

Tips ｜蜜红豆这样做！

蜜红豆可以用电锅熬煮，以水跟红豆2：1的比例焖煮，红豆软烂后再加入砂糖，即成为蜜红豆。

How to cook

1 将蜜红豆搓成数个小圆球。

2 在筛网上放入糯米粉，将蜜红豆放入筛网中，均匀摇晃至全部沾上粉。

3 沾上粉的红豆元宵放入漏勺，在冷开水的碗里过一下水立即捞起。

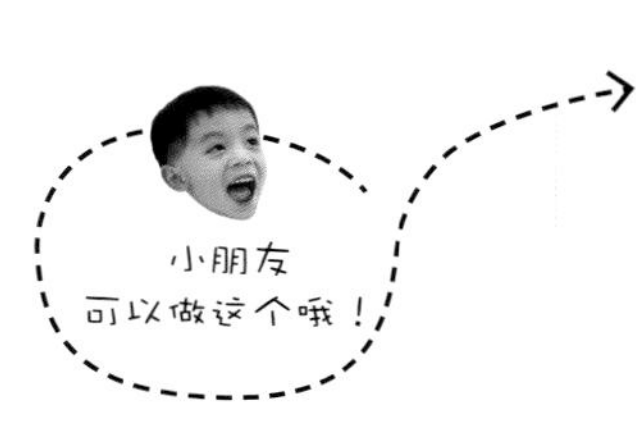

4 蘸过水的红豆元宵再放入筛网中重复步骤3的动作，10～15次即可。

5 汤锅内水煮沸后，放入滚好粉的元宵，煮至浮起即可。

小鱼妈分享

这道食谱主要是可以让孩子一起动手玩，一方面可以训练手部平衡，另一方面又能让孩子了解元宵真正的做法及和汤圆的区别。汤圆是搓揉而成，元宵则是用滚的方式做成的。

彩色汤圆
整面团和切小块的动作，
可锻炼手部肌肉！

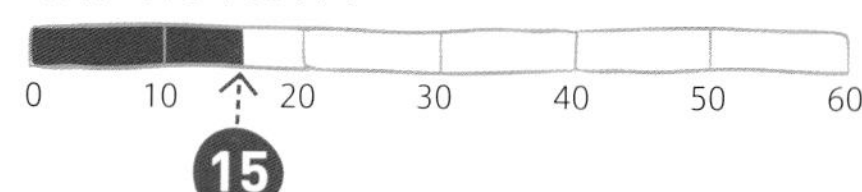

可依食材的状况酌量加水。

材料

砂糖……30g
水……300ml

Ⓐ 黄色汤圆：
1/5 南瓜去皮蒸熟
糯米粉……100g
水……60ml

Ⓑ 红色汤圆：
1/2 甜菜根打成泥
糯米粉……100g
水……70ml

Ⓒ 绿色汤圆：
抹茶粉……10g
糯米粉……100g
水……70ml

Ⓓ 咖啡色汤圆：
巧克力粉……10g
糯米粉……100g
水……70ml

How to cook

1 依序将4种不同的材料，加上100g的糯米粉揉成面团。

2 面团整成长条形，再将面团切成小块、搓圆。

小朋友可以做这个哦！

3 锅里加水煮沸后，将汤圆放入煮至浮起后，加入砂糖调味即可。

糯米不容易消化，食用要适量，而且要避免睡前食用。此道料理的做法很简单，可以请孩子帮忙做，也能增加孩子对于节日的了解及参与度，汤圆缤纷的颜色，会让小朋友很喜欢哦！

此食谱的动作较精细，可训练专注力！

焦糖蛋白霜饼

制作时间（分钟）

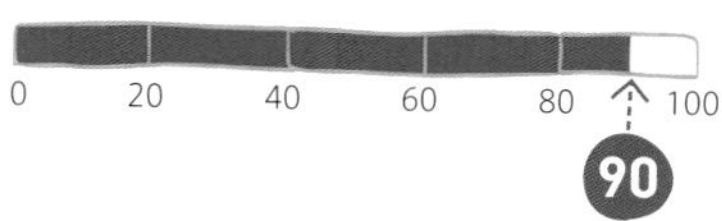

材料

鸡蛋……4 个
二砂糖粉……200g
塔塔粉……3g
巧克力酱……适量

How to cook

1 蛋清用电动打蛋器打至有粗泡泡，加入塔塔粉后再以中速搅拌，分3次加入糖粉，打至硬性发泡。

2 将蛋清霜装入挤花袋内，挤成螺旋山的形状。

3 将其放入烤箱，烤箱预热至120℃，烤约90分钟。

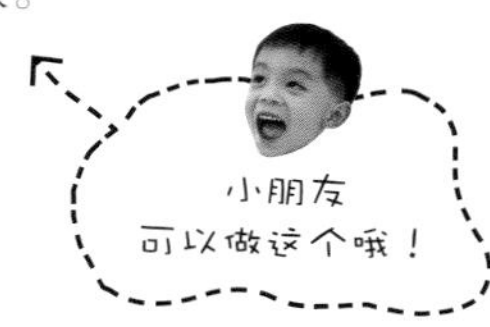

4 巧克力酱装入挤花袋内，挤至烤好的蛋白霜饼上充当眼睛，就完成了。

小鱼妈分享

这是一道简单又好做的点心，吃起来很酥脆，又能搭配万圣节鬼的元素，非常应景，用挤花袋挤成山的形状或巧克力酱点缀成鬼的眼睛等动作可以让孩子帮忙。提醒妈妈们，此料理烤的时间会较久，温度不宜太高，如果想烤出纯白色的鬼，必须用纯糖粉加上低温100℃烘烤2～3小时。

让小朋友想想，
如何发挥创意
做出巫婆的手指呢？
巫婆手指饼

材料

低筋面粉……150g
黄油……70g
砂糖……50g
鸡蛋……1 个
生杏仁……20 颗

How to cook

1 黄油软化后与砂糖打至发白，加入鸡蛋液搅拌均匀（留一些刷面团用），再慢慢加入面粉，揉成面团。

小朋友
可以做这个哦！

2 将面团搓成一条一条像手指的形状。

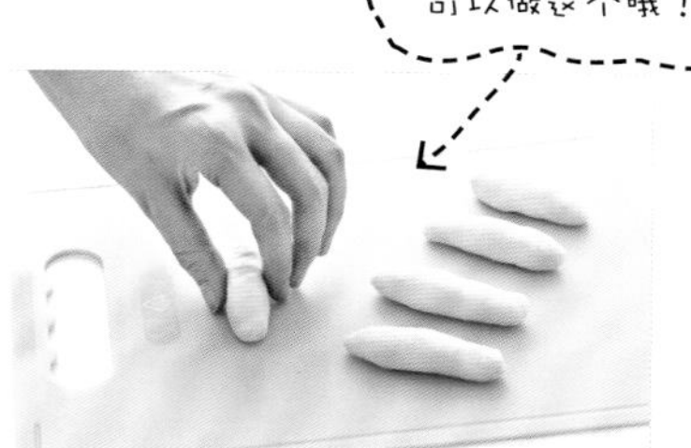

3 杏仁抹上蛋液，压入手指前端当成指甲。

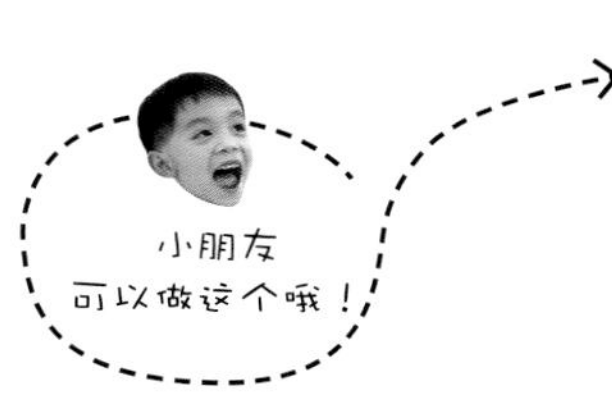

4 将其放入烤箱，烤箱预热180℃，烤约20分钟即可。

小鱼妈分享

这道点心看起来蛮恐怖的，成品真的很像巫婆的手指哦。制作时请小朋友发挥想象力来捏，可借此训练孩子的想象力和创造力。

坚果小南瓜

用南瓜子和牙签，创造出可爱的小南瓜吧！

制作时间（分钟）

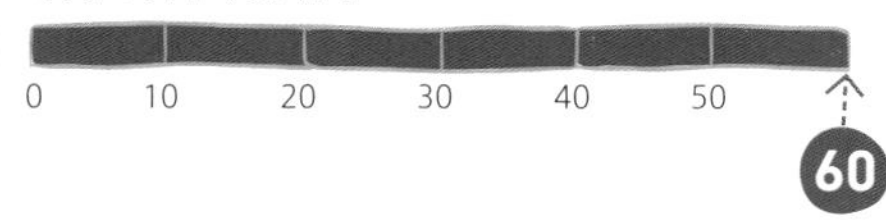

材料

南瓜泥……1/2 个
糯米粉……200g
玉米粉……35g
马铃薯淀粉……15g
水……适量
装饰用南瓜子……适量

How to cook

1 南瓜去皮，蒸熟，压成泥，趁热拌入糯米粉、玉米粉、马铃薯淀粉，加入适量的水揉成面团后，静置发酵30分钟。

2 将面团揉成扁球状。

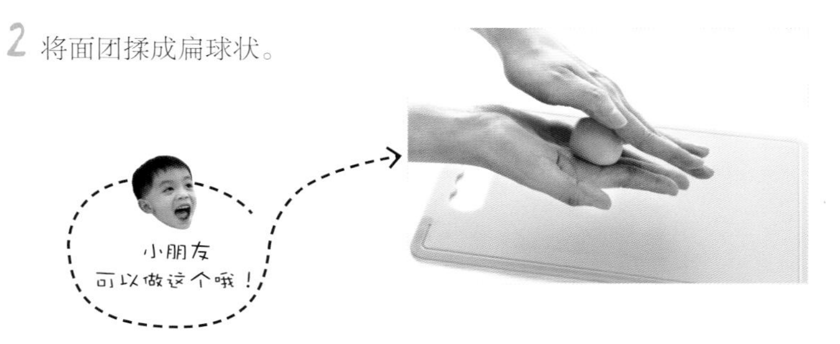

3 顶部放上南瓜子作为瓜蒂。

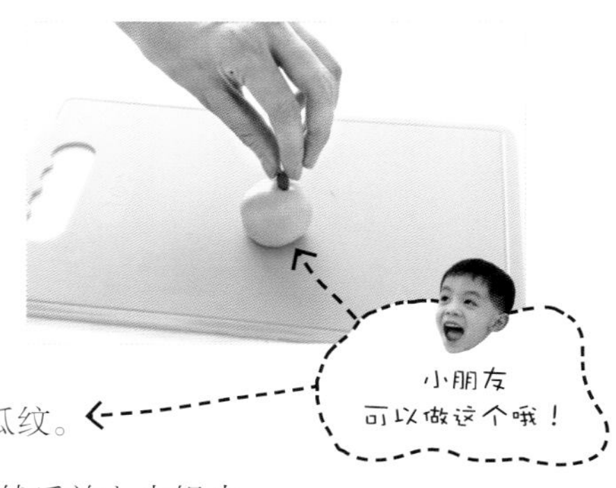

4 在面团的四周用牙签画上南瓜纹。

5 整好形的南瓜放置蒸笼内，然后放入电锅内蒸熟（外锅1杯水）即可。

南瓜是万圣节不可或缺的主角。台湾的南瓜质量非常棒，甜度高，不管是做甜点或咸味料理都非常适合。让孩子动脑筋，发挥创造力，用牙签画上瓜纹，用南瓜子当瓜蒂，真的很有趣！

圣诞草莓老公公

用人气水果草莓，

创作出可爱的圣诞老公公！

制作时间（分钟）

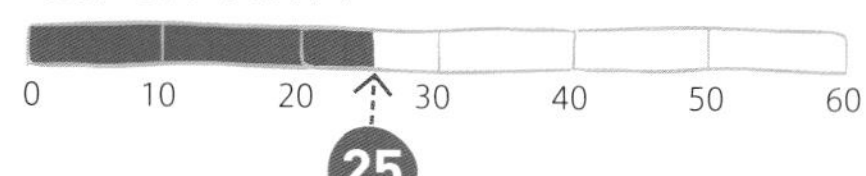

材料

草莓……10 颗
鲜奶油……100ml
黑芝麻……适量

How to cook

Point 小朋友使用安全刀子。

1 将草莓洗净后，去蒂头、擦干、对切，作为帽子与身体。

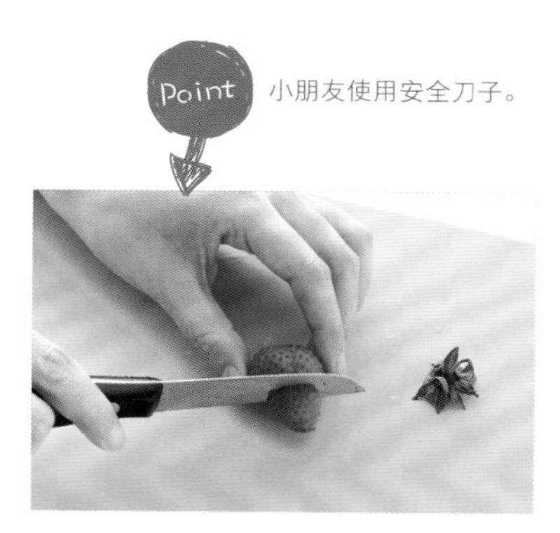

2 鲜奶油打发后放入挤花袋内，挤入切半的草莓中，作为圣诞老人的脸。

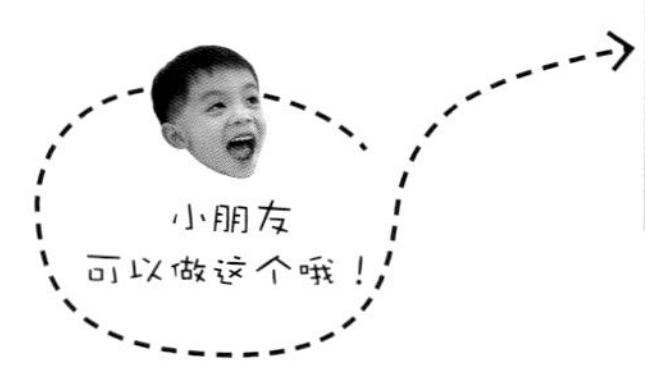

3 在草莓帽上面用挤花袋挤出帽子尖端，再放上黑芝麻当眼睛，就完成咯！

小鱼妈分享

草莓含有膳食纤维和维生素C，又有酸甜的口感和漂亮的颜色，是小孩难以抗拒的水果之一。孩子动手前，妈妈可以和他一起研究，怎么把草莓变成圣诞老公公呢？然后再引导孩子一步步完成，看到成品时，孩子会很有成就感！

彩色圣诞树

绿色西蓝花

轻松变身可爱的圣诞树！

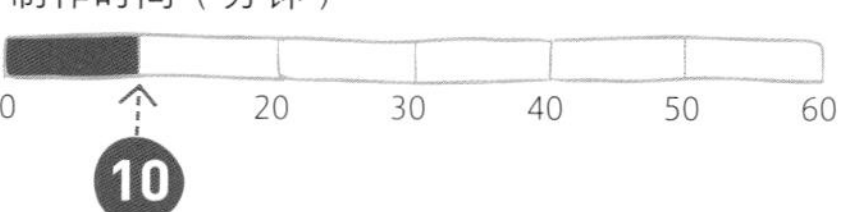

材料

西蓝花……1 朵
沙拉酱……适量
胡萝卜……1 根

How to cook

1 将西蓝花剥成小朵，烫熟后放凉；胡萝卜切薄片，烫熟，备用。

小朋友
可以做这个哦！

2 将胡萝卜用饼干压模压出可爱的形状。

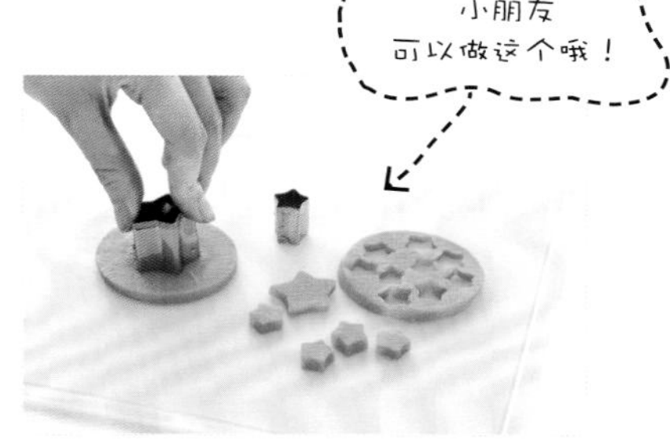

3 西蓝花绿色部分摆成尖的三角形，排列成圣诞树的样子。

4 胡萝卜片上蘸一点沙拉酱，然后黏在圣诞树上。

5 最后用沙拉酱装饰西蓝花，就完成了。

小鱼妈分享

西蓝花的维生素C含量高，能预防感冒、提高免疫力。对于不爱吃蔬菜的孩子，让他们一起创作圣诞树，能增加对食物的好感。

过新年

红白萝卜糕

过年啦，妈咪和宝贝一起开心做年糕！

主材料

白萝卜……1 根
胡萝卜……1 根
水……900ml

配料

虾米……50g
干香菇……10 朵
油葱酥……40g

调味料

酱油……15ml
糖……10g
盐……5g
白胡椒粉……3g

粉浆

粘米粉……300g
水……300ml

How to cook

1 将白萝卜与胡萝卜刨丝，沥干水分；干香菇泡软切丝；虾米洗净后泡软，备用。

2 锅加热后，加入少许油放入香菇、虾米爆香，加入酱油、盐、糖、白胡椒粉拌炒均匀，盛盘备用。

3 将粘米粉与水搅拌均匀后，倒入与2/3配料搅拌均匀。

小朋友可以做这个哦！

4 取一个容器，加入少许油，然后将拌炒过的粉浆盛入容器内。

5 上头铺上剩下的1/3配料，放入电锅内蒸（外锅1杯水），待开关键跳起即可。

小鱼妈分享

小鱼妈用红白萝卜一起制作萝卜糕，漂亮的颜色能让孩子一次认识多种不同型态的萝卜。胡萝卜能补血，白萝卜含有微量元素、锌，都是非常有营养的食物。

小手、大手捏一捏，
和妈咪一起动手做出人气甜品！

草莓大福

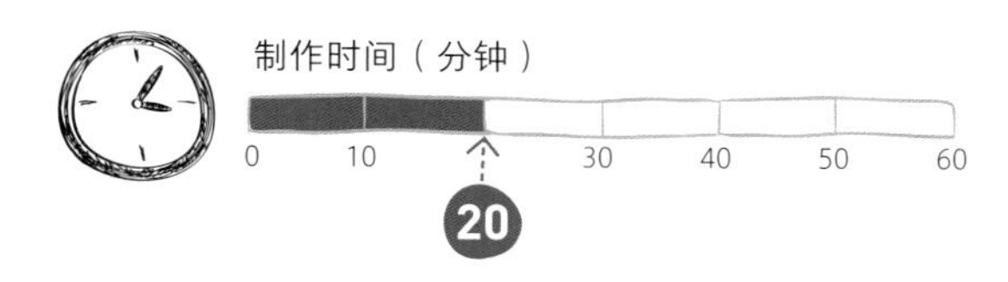

材料

草莓……10 颗
蜜红豆……250g
糯米粉……200g
水……260ml
砂糖……30g
熟马铃薯淀粉……300g

How to cook

1 水、糯米粉搅拌成面团；锅里装水煮沸，然后将面团一小块一小块放入开水中，煮3～5分钟。

2 将面团取出后放入制面包机内，加入砂糖，打成泥状成为麻糬皮，备用。

3 蜜红豆放入大碗中，用汤匙压成红豆泥，再分成10等份，搓成圆球状。

小朋友可以做这个哦！

4 草莓用红豆泥包起来，将打好的麻糬皮沾上熟的马铃薯淀粉，再包覆草莓红豆即完成。

Tips ｜熟马铃薯淀粉这样做！

把一般的马铃薯淀粉放在平底锅内煎 2 ～ 3 分钟，即成为熟马铃薯淀粉，很简单吧！

小鱼妈分享

草莓大福售价不便宜，其实和孩子一起做，会更有成就感！你可以让孩子帮忙包馅等，关键不在做菜，而是借此增加彼此的相处时间，亲子间的关系会更紧密。

幕后花絮

妹妹好可爱！
超好玩！
mini COOK

图书在版编目（CIP）数据

亲子共厨时间：让孩子爱上料理 / 小鱼妈著 .
-- 南昌 : 江西人民出版社，2017.12

ISBN 978-7-210-09835-5

Ⅰ. ①亲… Ⅱ. ①小… Ⅲ. ①儿童—菜谱 Ⅳ. ①TS972.162

中国版本图书馆CIP数据核字(2017)第256708号

亲子共厨时间：让孩子爱上料理

作者：小鱼妈
责任编辑：冯雪松　温发权　特约编辑：刘悦　筹划出版：银杏树下
出版统筹：吴兴元　营销推广：ONEBOOK　装帧制造：墨白空间
出版发行：江西人民出版社　印刷：北京盛通印刷股份有限公司
690 毫米 × 960 毫米　1/16　11 印张　字数 151 千字
2017 年 12 月第 1 版　2017 年 12 月第 1 次印刷
ISBN 978-7-210-09835-5
定价：58.00 元
赣版权登字 -01-2017-816